CETC 云计算技术与应用专业校企合作系列教材

Android 云存储客户端开发

主　编　杜纪魁　沈建国
副主编　周志坚　温一军
于大伟
主　审　洪运国　成奋华

高等教育出版社·北京

内容提要

本书是云计算技术与应用专业校企合作系列教材。

本书较为全面地介绍了目前流行的开源 OpenStack 云计算架构中 Swift 存储的相关知识及以此为基础进行 Android 云存储客户端开发的相关技术，最终实现了基于 Swift 存储的 Android 客户端项目。本书从内容结构上分成 3 部分：第一部分为功能需求篇，主要介绍云存储的基本知识和云存储移动客户端开发的基本需求，并在此基础上介绍了云存储客户端应用的概要设计和技术选型设计；第二部分为开发基础篇，主要介绍了 Android 移动应用开发环境的安装与配置、Android 开发基础知识、Swift 云存储基础知识和相关开发 API，为项目实现打下基础；第三部分为项目实现篇，主要介绍在基础篇所做的基本界面框架的基础上完成具体的云存储客户端功能。每部分都包含若干分解项目，每个分解项目包含相关项目所需完成任务的基本知识介绍和实现步骤两部分。在阐述中尽量做到基础知识介绍具有针对性，任务目标操作具体化。每部分的结束都提出一些拓展练习供读者练习和提高。最后的附录介绍了 Android 项目的 APK 发布及如何在应用市场发布以供读者了解。

本书可以作为高职高专云计算技术与应用专业及计算机网络技术专业的基础核心课程教材，以及计算机相关专业的移动应用开发课程的教材，也可以作为云计算应用和移动应用开发技术入门的培训班教材，并适合云计算运维人员、Android 开发专业人员和广大计算机爱好者的自学用书。

图书在版编目（CIP）数据

Android 云存储客户端开发 / 杜纪魁，沈建国主编
. -- 北京：高等教育出版社，2017.10
ISBN 978-7-04-048508-0

Ⅰ.①A… Ⅱ.①杜… ②沈… Ⅲ.①移动终端-应用程序-程序设计 Ⅳ.①TN929.53

中国版本图书馆 CIP 数据核字(2017)第 219108 号

Android Yuncunchu Kehuduan Kaifa

策划编辑 许兴瑜　责任编辑 许兴瑜　封面设计 姜 磊　版式设计 童 丹
插图绘制 杜晓丹　责任校对 王 雨　责任印制 韩 刚

出版发行 高等教育出版社
社　　址 北京市西城区德外大街 4 号
邮政编码 100120
印　　刷 保定市中画美凯印刷有限公司
开　　本 787mm×1092mm 1/16
印　　张 13.75
字　　数 330 千字
购书热线 010-58581118
咨询电话 400-810-0598
网　　址 http://www.hep.edu.cn
　　　　 http://www.hep.com.cn
网上订购 http://www.hepmall.com.cn
　　　　 http://www.hepmall.com
　　　　 http://www.hepmall.cn
版　　次 2017年10月第1版
印　　次 2017年10月第1次印刷
定　　价 29.80 元

物 料 号 48508-00

前　　言

计算机技术经历了从大型主机、个人计算机、客户机/服务器计算模式到今天的互联网计算模式的演变，尤其是互联网 Web 2.0 技术的应用，使计算能力需求更多地依赖于通过互联网连接的远程服务器资源。作为资源的提供者，需要具备超高的计算性能、海量的数据存储、网络通信能力和随时的扩展能力。在多种应用需求的推动下催生了虚拟化技术和云计算技术。当今，云计算技术已经成为信息技术应用服务平台、云存储技术、大数据分析、互联网+技术等的基础平台，在信息技术的发展过程中起着平台支撑作用。

云计算是推动信息技术能力实现按需供给、促进信息技术和数据资源充分利用的全新业态，是信息化发展的重大变革和必然趋势。发展云计算，有利于分享信息知识和创新资源，降低全社会创业成本，培育形成新产业和新消费热点，对稳增长、调结构、惠民生和建设创新型国家具有重要意义。

为满足高职院校对云计算技术专业教学的需求，在“云计算技术与应用专业教材编审委员会”的组织和指导下，将陆续推出系列专业教材，本书就是在此背景下，由成员单位无锡商业职业技术学院和南京第五十五所技术开发有限公司以及江苏一道云科技发展有限公司共同编写。本书是校企产教融合后的实践产物。该书是基于开源的 OpenStack 云存储技术 Swift 的 Android 移动应用开发教材。本书综合设计了基于 Swift 存储的云盘 Android 客户端项目案例，并将此案例分解为多个项目任务。本书以案例为驱动、项目任务为目标的思路编写。本书在内容结构上分成 3 部分：第一部分为功能需求篇，主要介绍云存储的基本知识和云存储移动客户端开发的基本需求，并在此基础上介绍了云存储客户端应用的概要设计和技术选型设计；第二部分为开发基础篇，主要介绍了 Android 移动应用开发环境的安装与配置、Android 开发基础知识、Swift 云存储基础知识和相关开发 API，为项目实现打下基础；第三部分为项目实现篇，主要介绍在基础篇所做的基本界面框架的基础上完成具体的云存储客户端功能。每部分都包含若干分解项目，每个分解项目包含相关项目所需完成任务的基本知识介绍和实现步骤两部分。在阐述中尽量做到基础知识介绍具有针对性，任务目标操作具体化。每部分的结束都提出一些拓展练习供读者练习和提高。最后的附录介绍了 Android 项目的 APK 发布及如何在应用市场发布以供读者了解。

本书的参考学时为 52~70 学时，建议采用理论实践一体化教学模式，各项目的参考学时见下面的学时分配表，读者可以根据情况对课时分配进行调整。

学时分配表

项　目	课程内容	学　时
项目 1	云存储客户端需求定义	2
项目 2	云存储客户端概要设计	4
项目 3	构建并熟悉 Android Studio 开发环境	2
项目 4	Android 基础	20

续表

项　目	课程内容	学　时
项目 5	云存储 OpenStack Swift 服务构建	4
项目 6	登录注册模块	6
项目 7	文件浏览模块	10
项目 8	文件操作模块	6
项目 9	功能扩展模块	8
	课程考评	2
课时总计		64

本书由杜纪魁、沈建国任主编，周志坚、温一军、于大伟任副主编，洪运国、成奋华任主审。南京第五十五所技术开发有限公司和江苏一道云科技发展有限公司的工程师参与了本书的案例设计和案例测试，在此表示衷心的感谢。

本书配套的相关资源包、运行脚本、电子教案请登录 http://www.1daoyun.com 下载。

虽然编者对于本书已尽可能做到更好，但由于开发环境及 API 在持续改进，书中疏漏和不足之处在所难免，殷切希望广大读者批评指正。同时，恳请读者一旦发现错误，及时与编者联系，以便尽快更正，编者将不胜感激，编者 E－mail：dujikui@wxic.edu.cn。

编　者

2017 年 7 月

目　　录

第一部分　功能需求篇

第二部分　开发基础篇

第三部分 项目实现篇

第一部分 功能需求篇

▶通过此部分的学习，读者能够了解云存储的基本知识和云存储移动客户端开发的基本需求，并了解云存储客户端应用的概要设计和技术选型设计。

项目 1
云存储客户端需求定义

学习目标

本项目主要完成以下学习目标。

- 了解客户对于云存储客户端的需求，并对客户端做出功能设计。
- 查看完整客户端的运行效果。

项目描述

一般在开发一款产品之前，需要先对产品进行定位。在用户需求的基础之上对产品应具有的功能进行概念性设计，而不是盲目地进行开发。首先，设计者需要有宏观的概念，明白这款产品的主要功能，然后去补充具体的功能细节。所有的功能必须围绕用户需求而制定，不可天马行空、无限制地添加。没有经验的读者可能对云存储客户端的需求不太明确，可以在业余时间进行调查研究。本项目将直接为读者展示云存储客户端的功能设计和预期达到的运行效果。

任务 1-1 客户端功能设计

根据前面所提的设计要求，实现思路如下。

在 OpenStack 创建一个租户（Tenant），租户下包括多个用户。租户创建云存储空间为 100 GB。

该应用支持注册和登录功能。如果是新用户，需要注册成为本租户下的用户。如果是已有的用户，则可以进行登录。

每个用户登录时，如果没有容器，默认建两个容器（Container），包括 Container（Disk）目录和（Container - Recycle）回收站。其中，Container（Disk）目录用于存储常规数据，（Container - Recycle）回收站用于存储用户删除的数据。

每个用户默认平分磁盘的总容量，所有用户共享存储空间。在个人空间可以看到自己的存储使用情况。

另外，客户端具有常见的文件操作功能，具体功能见表 1-1。

表 1-1 移动存储客户端功能列表

编号	分类	操作	说明	分类
1	查看	搜索	搜索文件或目录，一般支持通配符	基本功能
2		下载	下载一个文件到本地	下载文件
3		打开文件	打开文件，寻找支持的应用	基本功能
4		进入目录	进入子目录	基本功能
5		详情	查看云存储详情，已用容量、总容量大小	扩展功能
6		全选	目前 list 列表支持 CheckBox 选择，提供一个全选入口	综合实战
7		图片网格展示	图片/视频以网格缩略图展示	综合实战
8		视频网格展示	视频以网格格式展示	综合实战
9		排序	按照时间、大小、名称进行排序	综合实战
10	增加	上传文件	上传涉及重名时覆盖原文件，一旦覆盖不能还原	基本功能
11		拍照	拍照片上传	扩展功能
12		拍视频	拍视频上传	综合实战
13		录音	录音上传	综合实战
14	删除	删除文件	删除一个文件或多个文件到回收站	基本功能
15		删除文件夹	删除一个或多个文件夹到回收站	扩展功能
16		清除回收站	清空回收站	基本功能
17		还原文件	回收站还原到网盘中时涉及重名覆盖，需要提示用户	综合实战
18	修改	修改文件名称	对一个文件进行改名	基本功能
19		修改目录名称	对一个文件目录进行改名	基本功能

续表

编号	分类	操　　作	说　　明	分　　类
20	分享	分享	选择一个文件进行分享，分享整合数据给外部	扩展功能
21	兼容	Android	Android 版本很多，手机也有不同的型号和屏幕，需要进行兼容性测试	综合实战
22	优化	性能优化	时间：启动、加载内存、缓存	（使用框架、使用缓存）

项目功能操作流程如图 1-1-1 所示。图中展示了用户从注册、登录到进行各种详细操作的流程及各功能之间的从属关系。

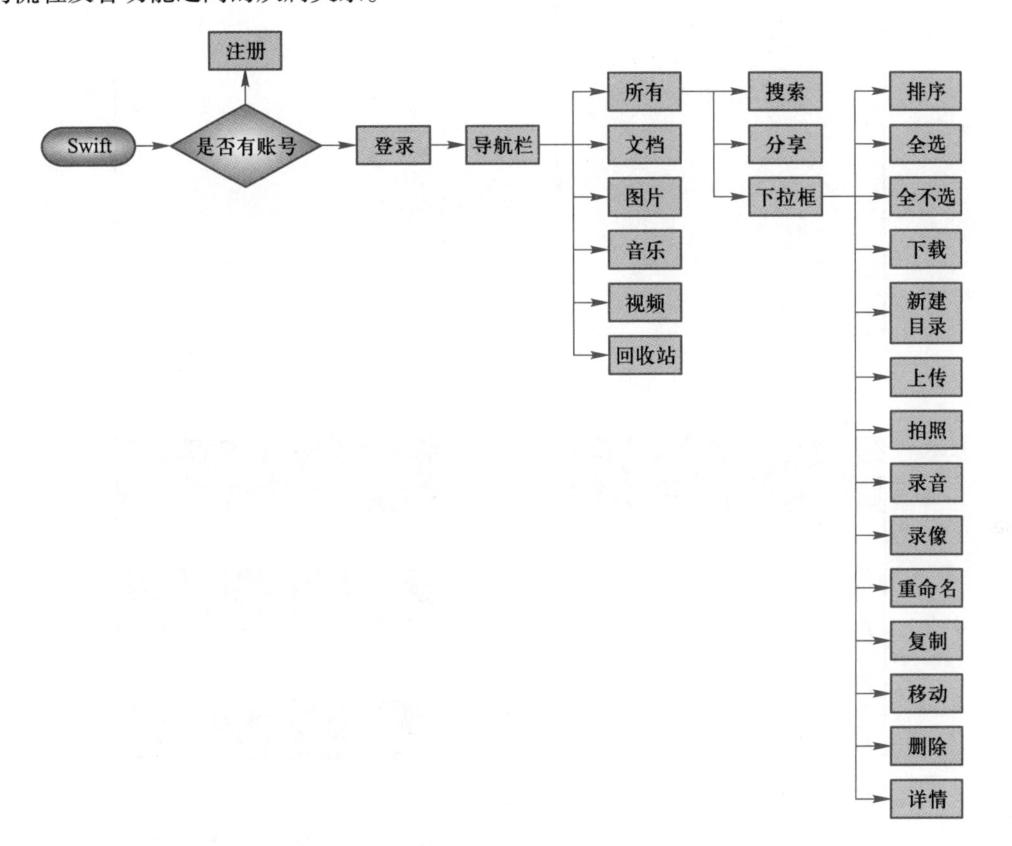

图 1-1-1　功能操作流程图

任务 1-2　客户端运行效果

已经注册的用户能够登录，在登录界面登录成功后显示所有内容的列表，如图 1-2-1 和图 1-2-2 所示。

单击导航栏左上角的列表按钮☰，可以打开单独显示某类内容的列表。例如，在其中选择“图片”选项，则列表中只展示了图片类型的文件。对于图片列表，有两种显示方式：

列表视图和网格视图。其中，列表视图为默认显示视图，如图 1-2-3 所示。图片列表视图可切换为网格视图显示，缩略图效果，如图 1-2-4 所示。

图 1-2-1　登录界面

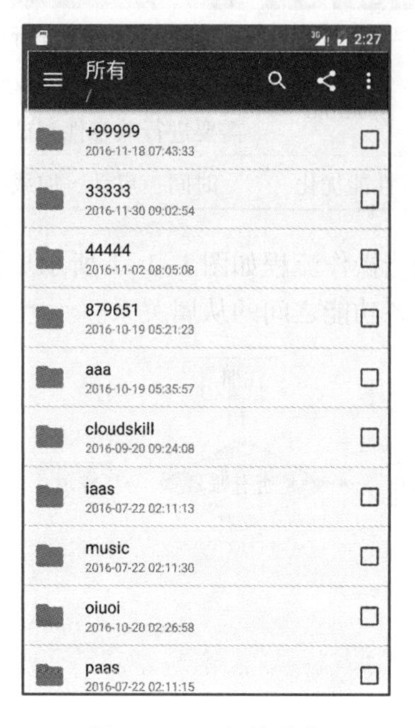

图 1-2-2　文件列表

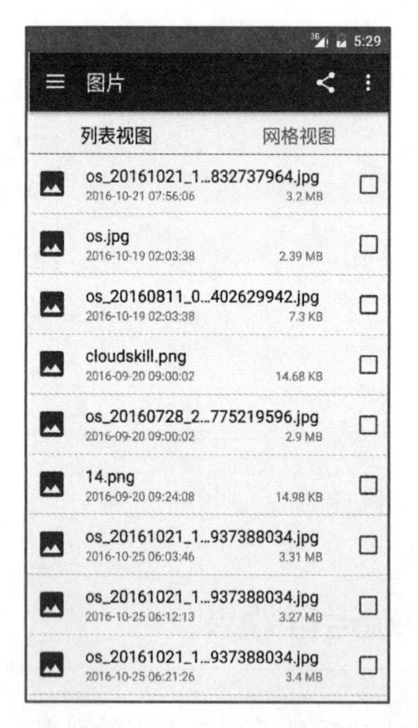

图 1-2-3　列表视图

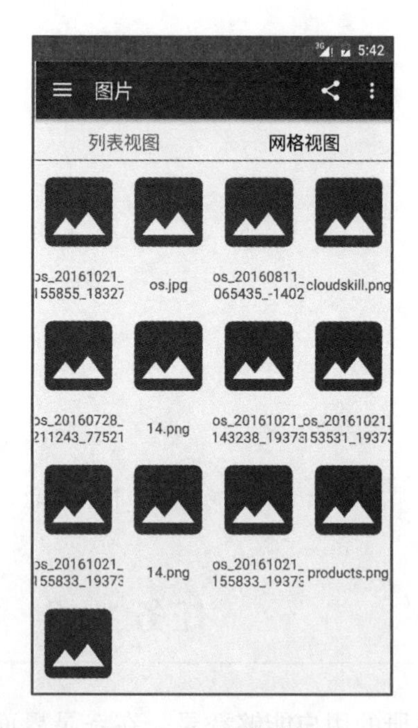

图 1-2-4　网格视图

在列表视图中，单击导航栏右上角的按钮，可以打开如图 1-2-5 所示的下拉菜单，具体功能就在这里实现。

图 1-2-5　具体功能菜单

项目总结

本项目的两个任务带领读者完成了云存储客户端的功能设计，并提前向读者展示了云存储客户端最终将要达到的大致运行效果。读者在阅读本书的过程中应该有意识地学习功能设计的思路，明白功能的概念性设计与功能的具体实现之间的对应关系。做到在日后的设计工作中，可以在需求制定后迅速地联想到对应功能及具体表现。

拓展实训

（1）调查你周围的人对于网盘的需求，写一篇分析文档。

（2）参考市面上的其他应用，研究网盘的主要功能与具体功能，并画出功能模块图。

项目 2

云存储客户端概要设计

学习目标

本项目主要完成以下学习目标。

- 实现客户端 UI 基本设计。
- 了解开发此项目所用的技术。

项目描述

在进行功能设计之后，开发者可以开始着手 UI 的设计。UI 就是用户界面，是用户与程序交互和操作的窗口。UI 的设计要求操作逻辑清晰，设计美观。好的 UI 设计不仅能让软件变得有个性、品位，还要让软件的操作变得舒适、简单、自由，充分体现软件的定位和特点。本项目将带领读者制定云存储客户端的 UI 设计，同时通过本章的学习，读者能了解开发此客户端所需用到技术及软件。

任务 2-1 原型界面设计

分析完具体功能后，就可以开始对项目进行原型界面设计了。下面介绍各类操作的原型界面设计图。

1. 欢迎界面及注册登录界面设计图

图 2-1-1 所示的是欢迎界面和注册登录界面的原型设计图。

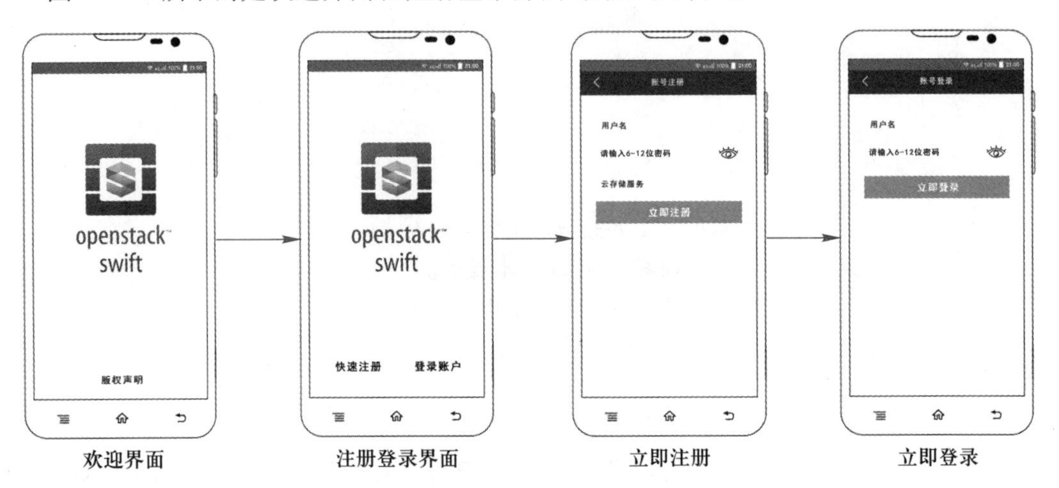

图 2-1-1 欢迎界面及注册登录界面原型设计图

2. 所有文件界面及部分功能界面设计图

图 2-1-2 所示的为所有文件功能、搜索功能和选择及分享功能的原型设计图。

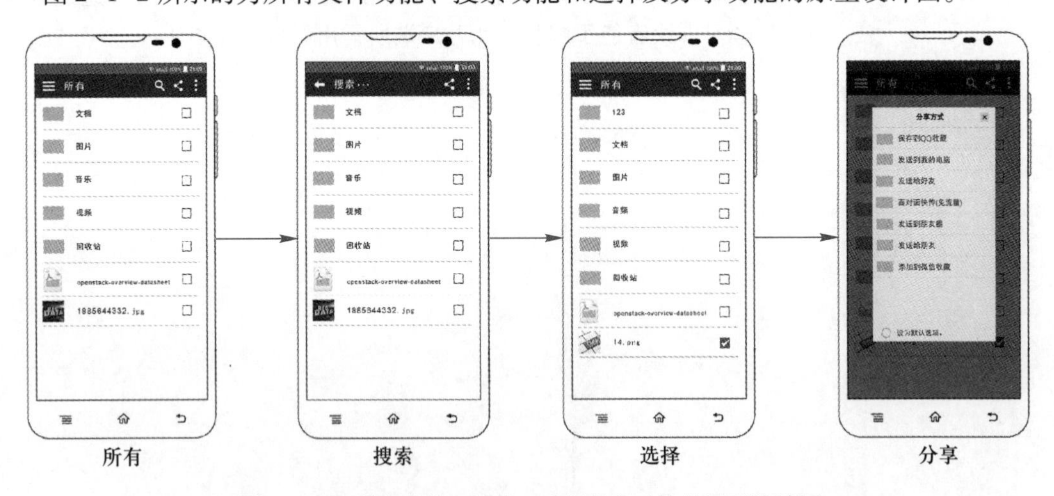

图 2-1-2 所有文件、搜索、选择分享功能的原型设计图

3. 导航栏及子界面设计图

图 2-1-3 所示的是所有文件和文件分类显示的原型设计图。

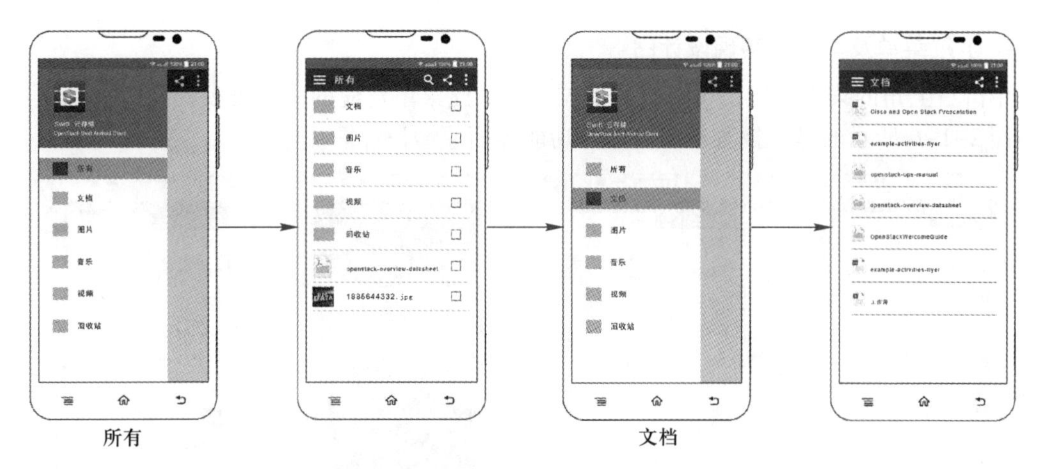

图 2-1-3　所有文件和文件分类显示的原型设计图

图 2-1-4 所示的是图片文件的两种视图和音乐文件分类显示的原型设计图。

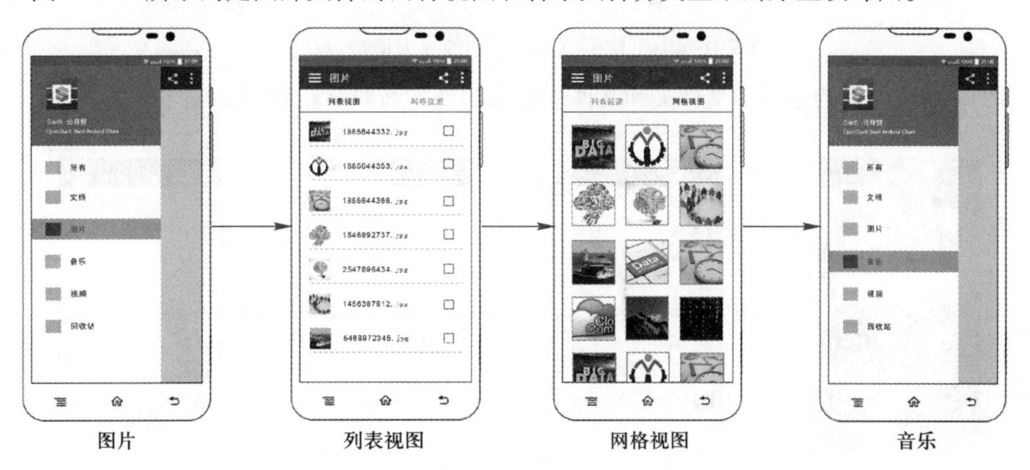

图 2-1-4　图片文件的两种视图及音乐文件分类显示的原型设计图

图 2-1-5 所示的是音乐文件分类列表和回收站的原型设计图。

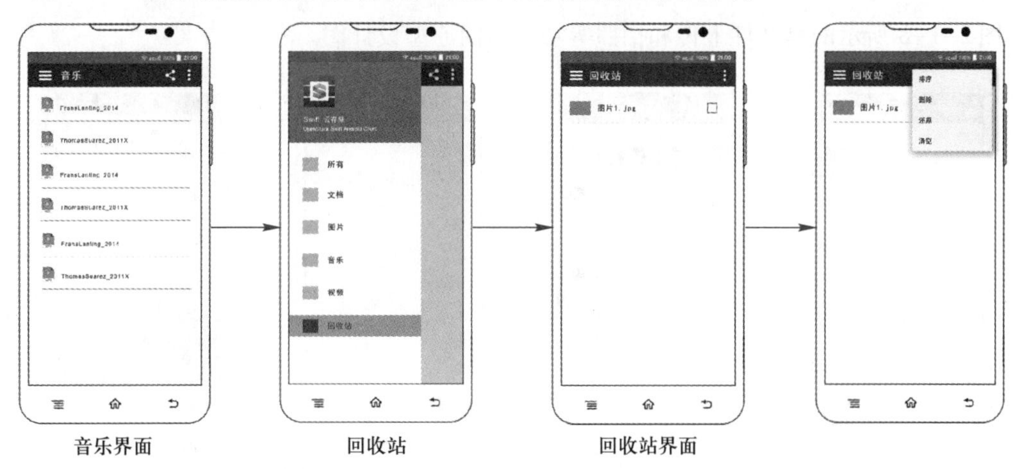

图 2-1-5　音乐分类列表及回收站原型设计图

4. 下拉菜单及其功能实现设计图

单击右上角的菜单按钮，可以打开下拉菜单。此菜单对应的功能较多。

图 2–1–6 所示的是下拉菜单和排序等功能界面原型设计图。

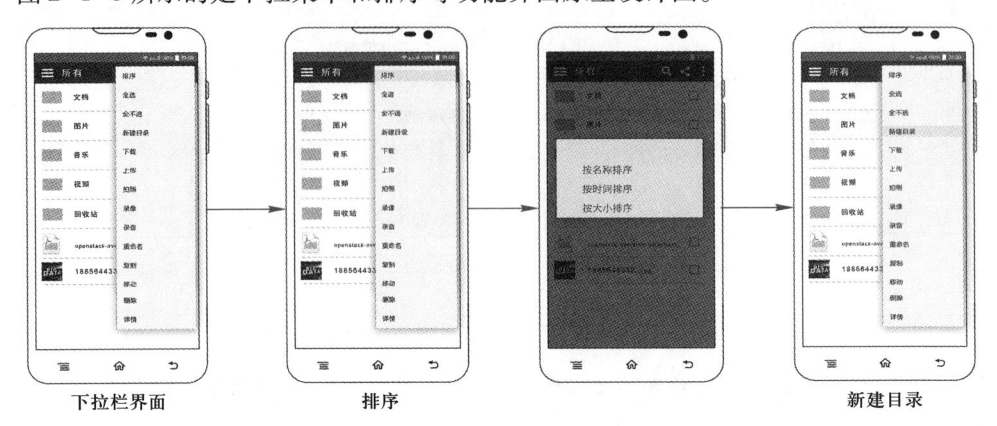

图 2–1–6　下拉菜单和排序功能界面原型设计图

图 2–1–7 所示的是新建文件夹和文件下载等功能界面原型设计图。

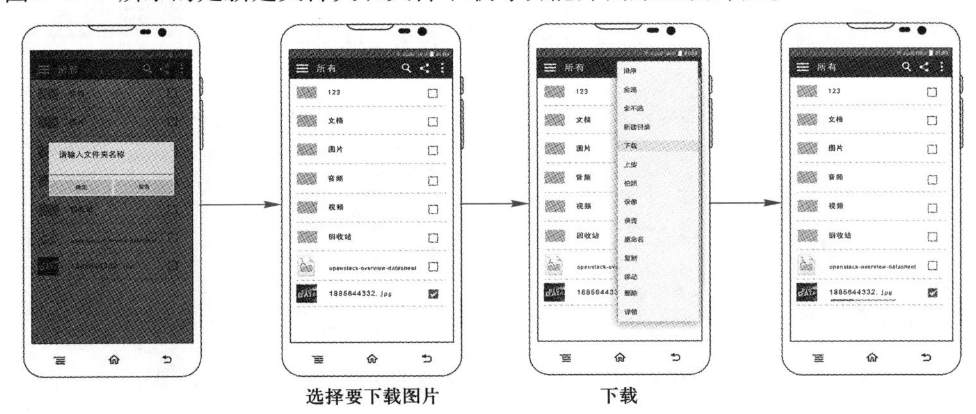

图 2–1–7　新建文件夹和文件下载功能界面原型设计图

图 2–1–8 所示的是文件上传和拍照等功能界面原型设计图。

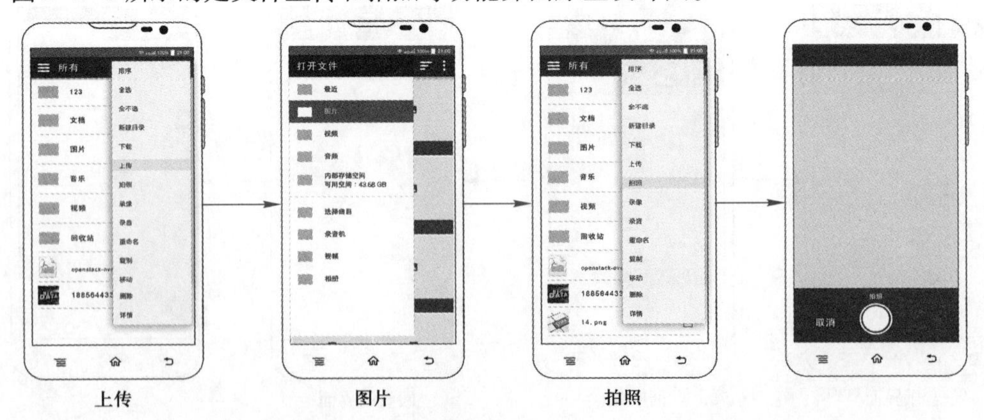

图 2–1–8　文件上传和拍照功能界面原型设计图

图 2-1-9 所示的是文件重命名功能界面原型设计图。

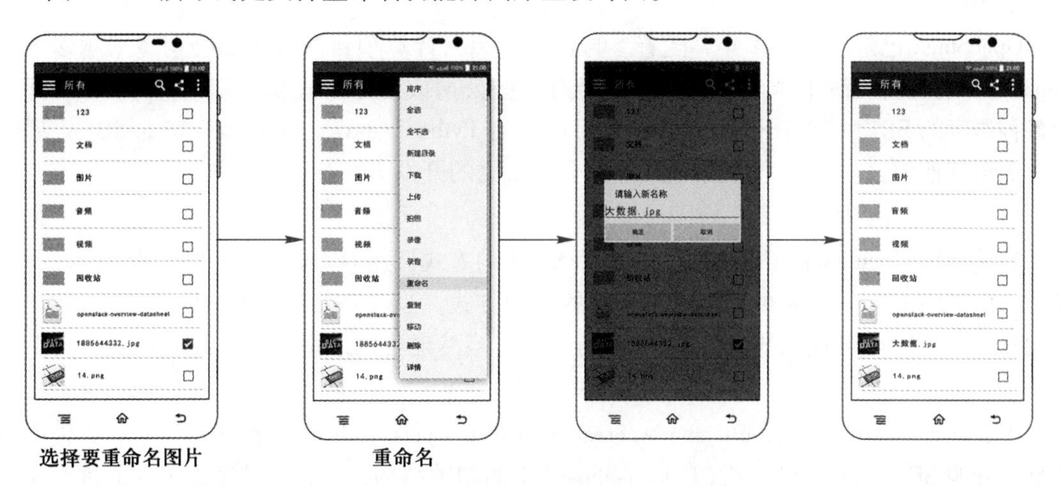

图 2-1-9　文件重命名功能界面原型设计图

图 2-1-10 所示的是文件详情功能界面原型设计图。

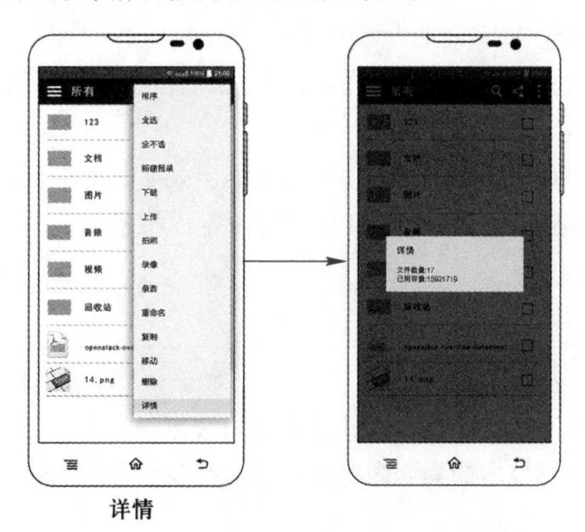

图 2-1-10　文件详情功能界面原型设计图

任务 2-2　技术选型设计

1. 云存储服务

选择 OpenStack Swift 分布式对象存储服务来作为文件存储的服务端。

此项目是基于 Python 开发的，采用 Apache 2.0 许可协议，可用来开发商用系统。此项目的详细信息已经在**项目 1** 中有所介绍。Swift 源码可以到 https://github.com/openstack/swift 复制并下载。详细的开发者文档和源码可在 OpenStack 社区、http://docs.openstack.org/developer/swift/查看和下载。

2. OpenStack Swift Java SDK

OpenStack 已经发展了多年，随着参与这个开源云计算项目的人员和公司越来越多，对 OpenStack 的支持也越来越丰富。目前已经有一些公司或爱好者提供了基于 OpenStack 开发的各种语言的 SDK（软件开发工具包），目前已有 Python、Java、PHP 等语言的 SDK，后续会有更多其他语言的 SDK 相继出现。下面介绍常见的开发方式。

（1）直接调用 OpenStack API 开发

直接调用 OpenStack API 开发就是用 RESTful 的方式调用 OpenStack 中提供的 API 进行开发，之前在用 Liferay 开发的时候就是采用的这种方式。当时是使用 Jersey 搭建的 Java REST 开发框架，然后调用 OpenStack 的 API 进行开发。当然也可以采用其他的 Java REST 框架。

（2）用第三方提供的 OpenStack Java SDK 开发

下载地址为 https://github.com/woorea/openstack-java-sdk。这个 SDK 是第三方爱好者贡献的开源 SDK，这个 SDK 类似于 Dashboard 中的相关结构，一直在继续完善和改进。

本项目采用 Woorea 的 OpenStack Java SDK 来作为与 Swift 通信的 jar 包。案例说明参考网址 https://github.com/woorea/openstack-java-sdk/tree/master/openstack-examples。

3. 选择 Android Studio 为软件的开发环境

Android Studio 的下载地址为 http://www.android-studio.org/，版本号为 2.1.2，默认带的 Android SDK 为 Android 6.0 API 23。

除了以上内容外，JDK 选择 jdk-8u91-windows-x64。设计实现采用 Android 的默认组件、网络连接服务。开发模拟器为 Android Studio 内置模拟器。

项目总结

本项目学习完成后，读者可以了解到 UI 设计的基本流程、UI 的一些基本概念。同时了解了云存储客户端的交互流程。读者可以通过本章的技术选型了解到开发此客户端所需用到的技术与软件。如果读者对技术的具体内容感兴趣，可以自行深入研究。

拓展实训

（1）仿照本书的 UI 设计完成一款自己的 APP 界面设计图。
（2）思考是否可以采用其他开发工具和架包。

第二部分 / 开发基础篇

▶通过此部分的学习，读者能够掌握 Android 移动应用开发环境的安装与配置，并初步掌握 Android 开发基础知识，同时了解 Swift 云存储基础知识，为项目实现打下基础。

项目3

构建并熟悉Android Studio 开发环境

学习目标

本项目主要完成以下学习目标。

- 掌握 JDK 环境的安装与配置。
- 掌握 Android Studio 开发 IDE 的安装。
- 掌握 Android Studio 内置模拟器的安装配置。
- 利用构建好的环境创建一个简单的 Android 应用程序并运行。
- 认识 Gradle 的概念与作用。
- 了解和掌握 Android 的单元测试。

项目描述

在了解完云存储的环境和 SDK 之后，读者就可以利用 SDK 编程对云存储进行管理了。在进行具体开发之前，读者需要搭建基本的软件开发环境，包括 Java 开发环境的搭建、开发的 IDE（Android Studio）及项目运行的模拟器。在开发环境搭建完成后，新建并运行一个最简单的 Android 应用程序来检验开发环境是否搭建成功。了解 Android Studio 中常用的两种辅助工具——Gradle 构建工具和单元测试工具。通过本项目的学习，读者能够掌握使用 Android Studio 创建简单的应用程序，并进行配置和单元测试。

任务3－1 安装及配置JDK

1. JDK 相关知识

JDK（Java Development Kit）称为 Java 开发包或 Java 开发工具，是一个编写 Java 的 Applet 小程序和应用程序的程序开发环境。JDK 是整个 Java 的核心，包括了 Java 运行环境（Java Runtime Envirnment，JRE）、一些 Java 工具和 Java 的核心类库（Java API）。不论什么 Java 应用服务器，实质都是内置了某个版本的 JDK。主流的 JDK 是 Sun 公司（目前已被 Oracle 公司收购）发布的。除了 Sun 之外，还有很多公司和组织都开发了自己的 JDK，例如，IBM 公司开发的 JDK，BEA 公司的 Jrocket，还有 GNU 组织开发的 JDK。

另外，可以把 Java API 类库中的 Java SE API 子集和 Java 虚拟机这两部分统称为 JRE，JRE 是支持 Java 程序运行的标准环境。

JRE 是个运行环境，JDK 是个开发环境。因此，写 Java 程序的时候需要 JDK，而运行 Java 程序的时候就需要 JRE。而 JDK 里面已经包含了 JRE，因此只要安装了 JDK，就可以编辑并运行 Java 程序。但由于 JDK 包含了许多与运行无关的内容，占用的空间较大，因此运行普通的 Java 程序无须安装 JDK，而只需要安装 JRE 即可。

JDK 的安装包可以从各个软件资源网站免费获取。2009 年，甲骨文公司宣布收购 Sun。2014 年，甲骨文公司发布了 Java 8 正式版。目前，Java 8 是最新版本。

本任务中演示所使用的 JDK 包来自 Oracle 官方网站。本书中案例均已经在 Java 7 和 Java 8 版本上测试。

2. 实现步骤

① 获取 JDK 安装程序。

可在 Orcale 官网（地址为 http://www. oracle. com/technetwork/java/javase/downloads/index. html）下载需要的 Java SE 安装文件。

② 打开 JDK 安装程序，弹出欢迎界面，如图 3-1-1 所示。

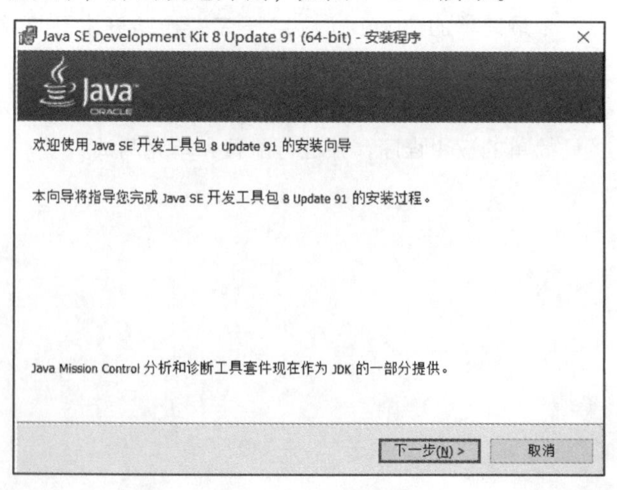

图 3-1-1 欢迎界面

③ 设置安装路径，如图 3-1-2 所示。

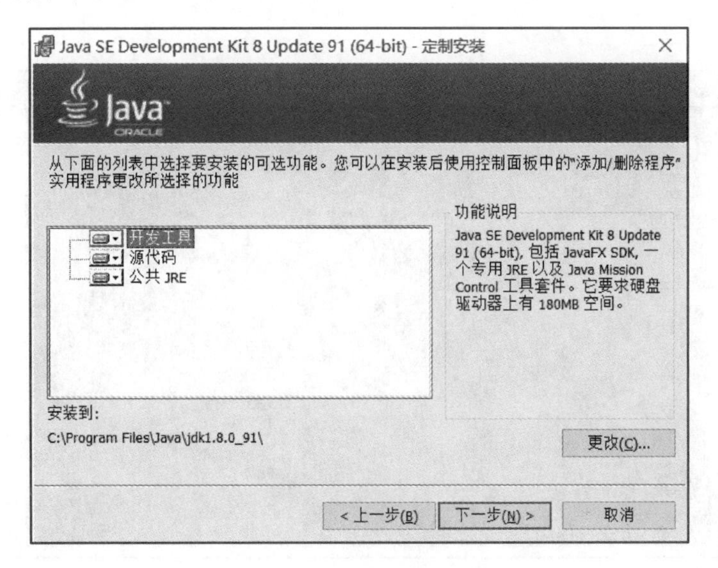

图 3-1-2　设置安装路径

单击“更改”按钮，可以修改安装路径。单击“下一步”按钮，安装 JDK。在这个步骤中可以在可选安装列表框中选择要安装的内容。

④ 安装 JRE。

在安装完 JDK 后会弹出 JRE 安装界面（此处需要注意，安装路径必须和 JDK 在同一目录下，而不是安装在 JDK 目录下），单击“下一步”按钮进行安装，如图 3-1-3 所示。

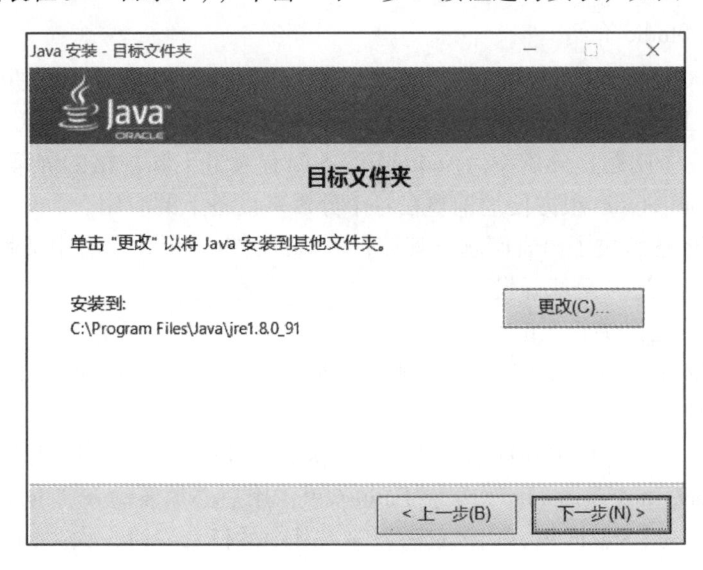

图 3-1-3　JRE 安装界面

⑤ 验证安装是否成功。

安装完成后需要验证 Java 环境是否安装成功。验证方式有多种，可以编写一个最简单的 Java 程序文件后编译执行，也可以通过在 CMD 窗口中输入“java - version”指令进行验证，如图 3-1-4 所示。

图 3-1-4 验证 Java 环境安装情况

任务 3-2 安装及配置 Android Studio

1. 相关知识

(1) Android Studio 介绍

Android Studio 是谷歌推出的新的 Android 开发环境，这也是为了方便开发者基于 Android 开发。这个工具与之前用户数众多的 Eclipse ADT 相比更加方便、高效。

首先解决的一个问题是分辨率。Android 设备拥有大量不同规格的屏幕和分辨率，开发者可以利用 Android Studio 很方便地调整在各个分辨率设备上的应用。

Android Studio 还解决了语言问题。其拥有多语言版本（但是没有中文版本）、支持翻译的功能都让开发者更适应全球开发环境。

Android Studio 还提供收入记录功能。

Android Studio 最大的改变在于 Beta 测试的功能。Android Studio 提供了 Beta Testing，可以让开发者很方便地试运行。

另外，该工具的代码提示和搜索功能非常强大，非常智能。例如，开发者自定义 theme 的名字为 light_play_card_bg. xml。如果在 Eclipse 里，用户必须要输入“light”才能提示下面的内容；而在 Android Studio 里，用户只需要输入其中的任意一段，如“card”，下面就会出现提示的内容。

Android Studio 会智能预测并给开发者最优的提示。每一次并非都是相同的提示结果，而可能是用户最想用、最可能用的结果。

Android Studio 与 Eclipse 比较明显的优势有如下几点。

① 颜色、图片在布局和代码中可以实时预览。

② 多屏预览、截图带有设备框，可随时录制模拟器视频。

③ 可以直接找到文件所在位置。

④ 跨工程移动、搜索和跳转。

⑤ 自动保存，无须一直按 Ctrl + S 组合键。

⑥ 即使文件关闭也依然可以回退 N 个历史文件。

⑦ 能够智能重构和智能预测报错。

⑧ 每一行文件编辑可追溯到人。

⑨ 自带较强大的图片编辑功能等。

正是因为 Android Studio 具有较多方便开发者的地方，因此目前用户越来越多。

（2）Android SDK

SDK 即软件开发工具包。SDK 被定义为特定的软件包、软件框架、硬件平台、操作系统等建立应用软件的开发工具集合。Android SDK 即开发 Android 应用程序的工具包。

Android SDK 采用了 Java 语言，在安装 Android Studio 的时候设定好路径，系统会自动下载及安装。

Android SDK 目录下有很多文件夹，下面分别介绍各个文件夹的作用。

① add - ons 文件夹用来存放附加库，即第三方公司为 Android 平台开发的附加功能系统，如 Google Maps。如果用户安装了 Ophone SDK，也会有一些类库在里面。

② docs 文件夹用来存放 Android SDK API 参考文档，所有的 API 都可以在这里查到。

③ market_licensing 文件夹作为 Android Market 的版权保护组件，一般发布付费应用到电子市场，可以用它来反盗版。

④ platforms 文件夹是每个平台 SDK 真正的文件，里面会根据 API Level 划分 SDK 版本。这里就以 Android 2.2 为例，进入后有一个名为 android - 8 的文件夹，进入后是 Android 2.2 SDK 的主要文件。其中，ant 目录存放 ant 编译脚本；data 目录存放一些系统资源；images 目录存放模拟器映像文件；skins 目录存放 Android 模拟器的皮肤；templates 目录存放工程创建的默认模板；android. jar 目录存放该版本的主要 framework 文件；tools 目录里面包含了重要的编译工具，比如 aapt、aidl、逆向调试工具 dexdump 和编译脚本 dx。

⑤ platform - tools 文件夹保存着一些通用工具，如 adb 和 aapt、aidl、dx 等文件，这里和 platforms 目录中 tools 文件夹有些重复，主要是因为从 Android 2.3 开始这些工具被划分为通用了。

⑥ samples 文件夹是 Android SDK 自带的默认示例工程，里面的 apidemos 强烈推荐初学者运行学习。对于 SQLite 数据库操作，可以查看 NotePad 这个例子；对于游戏开发，Snake、LunarLander 都是不错的例子；对于 Android 主题开发，Home 则是 Android 5.0 时代的主题设计原理。

⑦ tools 文件夹包含了许多重要的工具。如用于启动 Android 调试工具的 ddms；draw9patch 则是绘制 Android 平台的可缩放 PNG 图片的工具；sqlite3 是可以在 PC 上操作 SQLite 数据库的工具；monkeyrunner 则是一个不错的压力测试应用，它可以模拟用户随机按键；mksdcard 则是模拟器 SD 映像的创建工具；emulator 是 Android SDK 模拟器主程序，不过

从 Android 1.5 开始，需要输入合适的参数才能启动模拟器；traceview 则是 Android 平台上重要的调试工具。

⑧ build - tools 文件夹里有各个版本模拟器在 Android 平台的相关通用工具，比如 AAPT、aidl、dx 等文件。AAPT 即 Android Asset Packaging Tool，在 SDK 的 build - tools 目录下。该工具可以查看、创建和更新 ZIP 格式的文档附件（ZIP、JAR、APK），也可将资源文件编译成二进制文件。

⑨ extras 文件夹下存放了 Google 提供的 USB 驱动、Intel 提供的硬件加速等附加工具包。

2. 实现步骤

① 获取 Android Studio。

进入官网（网址为 https://developer.android.com/studio/index.html）下载包含 Android SDK 的 Android Studio。本书采用的是 Android Studio 2.1.1 版本。

下载完成后，打开安装向导。

② 选择需要安装的组件。

读者可以使用默认选项，也可以根据自己的需求在列表框内进行选择，如图 3-2-1 所示。

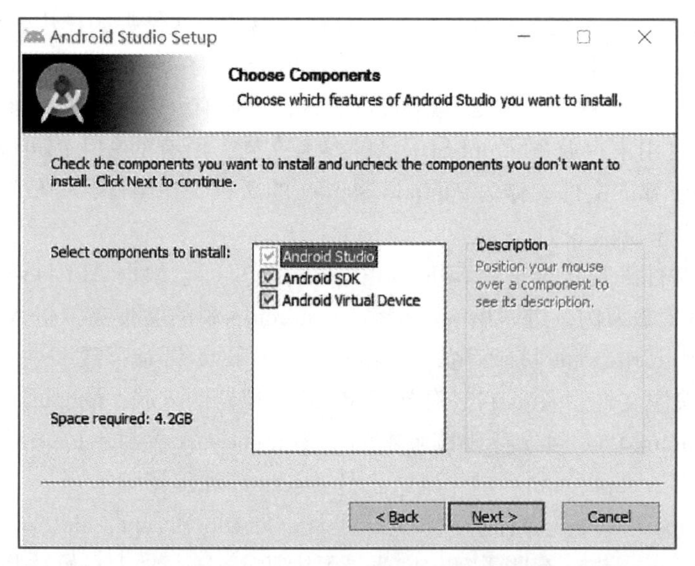

图 3-2-1 选择需要安装的组件

③ 选择安装目录。

选择 Android Studio 的安装目录和 SDK 的安装目录，然后单击 Next 按钮，如图 3-2-2 所示。

由于 SDK 需要单独下载，并且在后面的使用过程中会下载及配置 Android 模拟器，需要大量的存储空间，因此建议在 Windows 环境中单独选择磁盘空间比较大的分区来安装 SDK 的文件夹。

④ 导入配置选项。

待安装完成后，提示是否导入 Android Studio 以前的一些配置。如果是全新安装这个软件或者不需要导入之前版本的环境设置，这里就可以选择第 2 项，然后单击 OK 按钮，如图 3-2-3 所示。

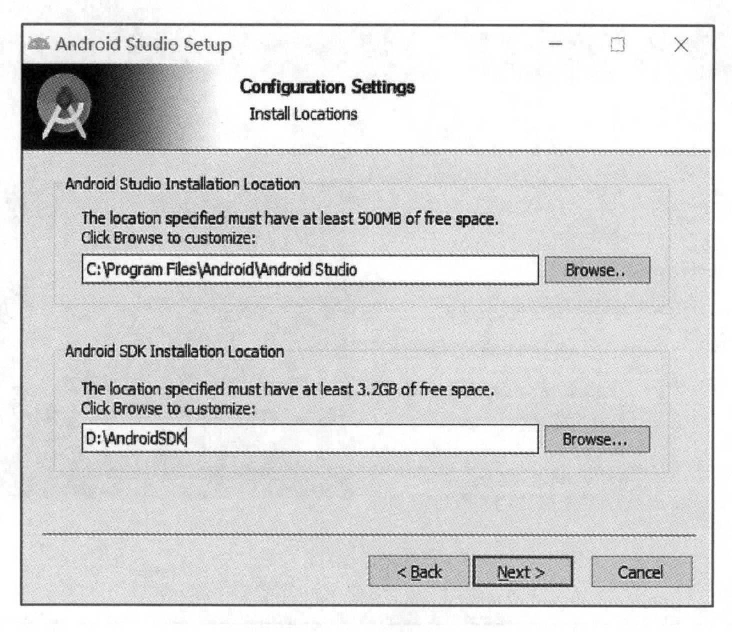

图 3-2-2　选择安装目录

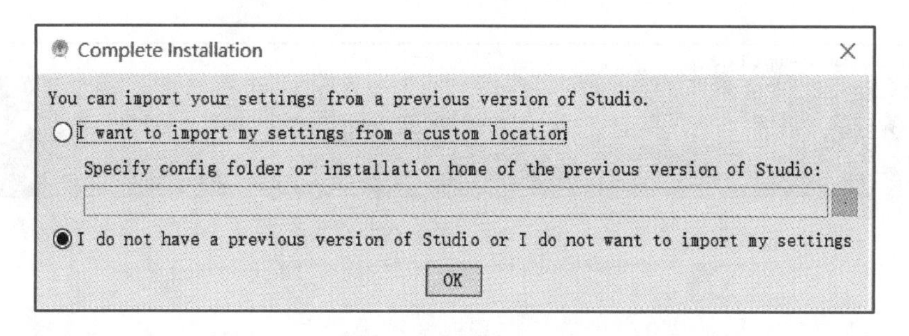

图 3-2-3　选择是否导入之前版本的环境设置

⑤ 选择 UI 主题。

接下来是选择 Android Studio 的 UI 主题，这个可以根据自己的偏好选择。选择完成后单击 Next 按钮，如图 3-2-4 所示。

⑥ 组件下载。

安装完毕后，打开安装好的 Android Studio，第一次启动需要下载 SDK 等一些组件，如图 3-2-5 所示。

待软件打开后，Android Studio 的安装已经全部完成，会出现如图 3-2-6 所示的启动欢迎界面。

⑦ 了解开发界面。

在启动欢迎界面中选择第 1 个选项可以创建一个新的 Android Studio 工程，按照默认选项操作后，就会出现工程编辑界面，如图 3-2-7 所示。

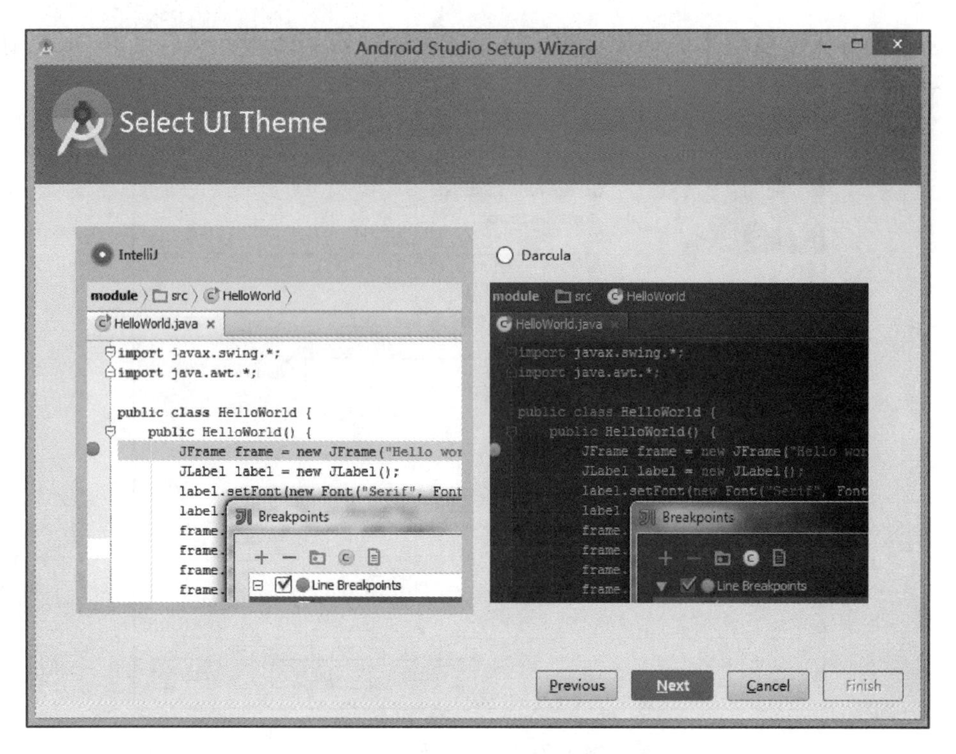

图 3-2-4 选择 Android Studio 的 UI 主题

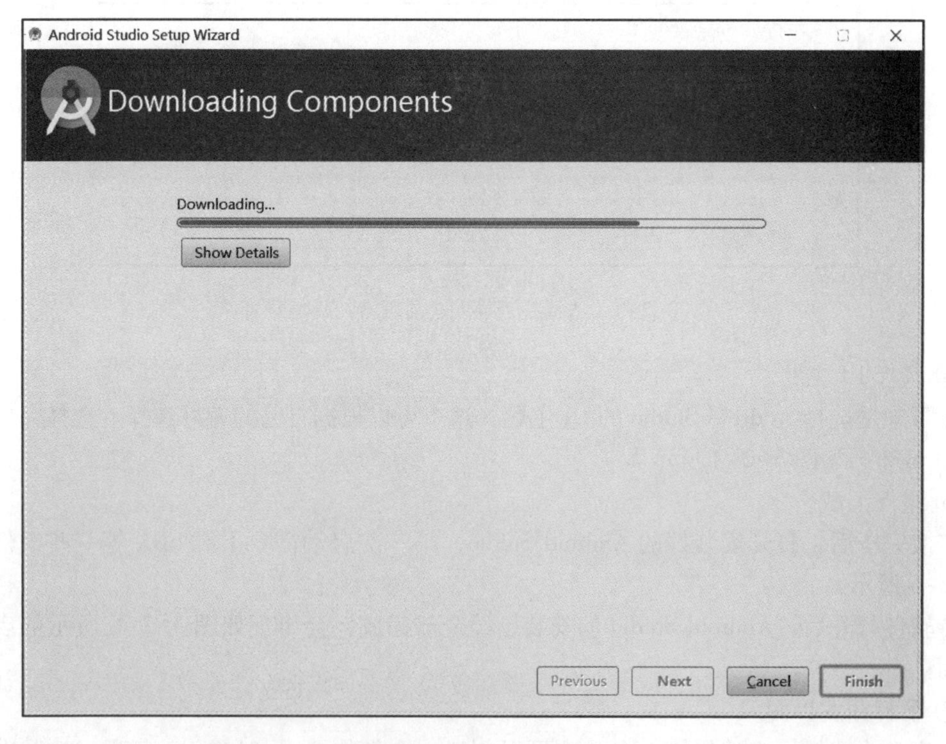

图 3-2-5 下载组件

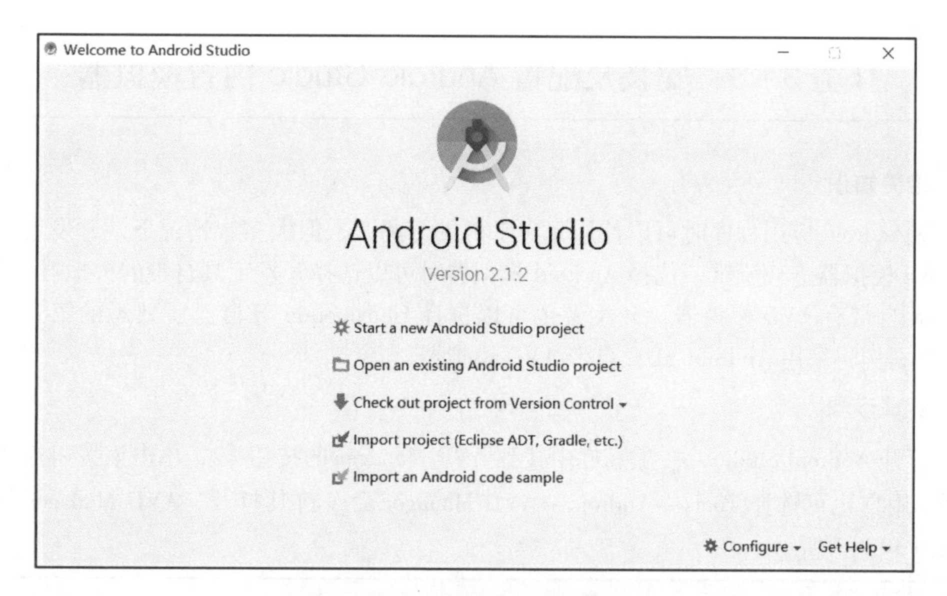

图 3-2-6　启动欢迎界面

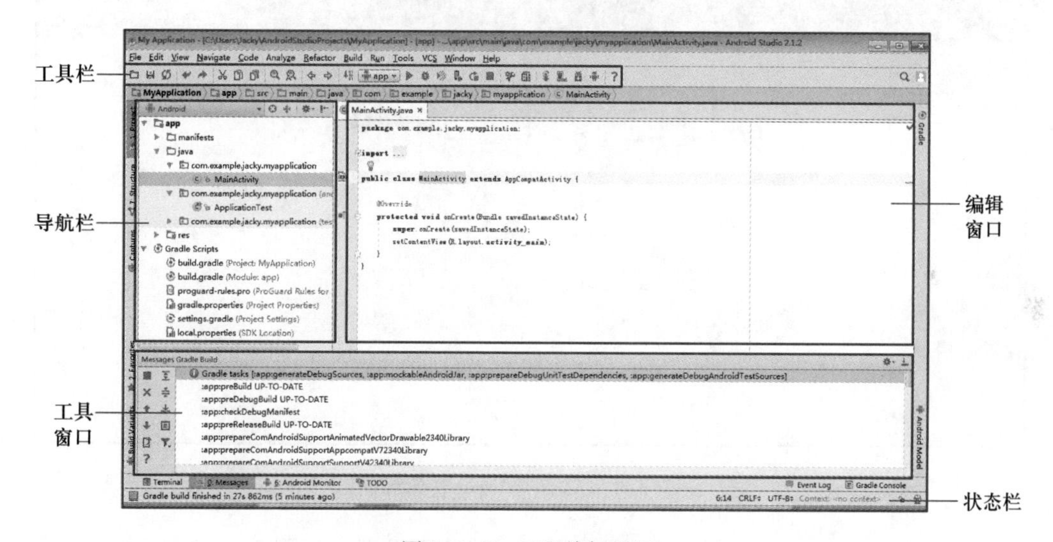

图 3-2-7　工程编辑界面

整个界面主要包括以下几个部分。

- 工具栏：能够让用户快捷地进行大量的操作，包括运行程序、启动安卓工具等。
- 导航栏：帮助开发者浏览项目和对打开的文件进行编辑。它提供了一个更紧凑可见的项目结构。
- 编辑窗口：是开发者编辑和修改代码的地方。这个窗口会根据文件类型的改变而改变。
- 工具窗口：让开发者可以访问指定的任务，如项目管理、搜索、版本控制等。
- 状态栏：展示了项目的状态，以及一些警告或者消息。

任务3-3 安装及配置 Android Studio 内置模拟器

1. 相关知识

开发 Android 应用程序时可以使用真实手机进行调试，但大多数情况下，开发者都会选择 Android 模拟器进行调试。选择 Android 模拟器时可以选择开发工具自带的模拟器，像 Android SDK 自带有 AVD 模拟器，开发者也可以选择 Genymotion 等自已所熟悉的第三方模拟器。本书案例将采用 Android SDK 自带 AVD 模拟器。

2. 实现步骤

① 打开 Android Studio，在工具栏中找到 AVD Manager 的按钮，单击该按钮打开 AVD 模拟器。用户也可选择 Tools→Android→AVD Manager 命令将其打开，AVD Manager 的初始界面如图 3-3-1 所示。

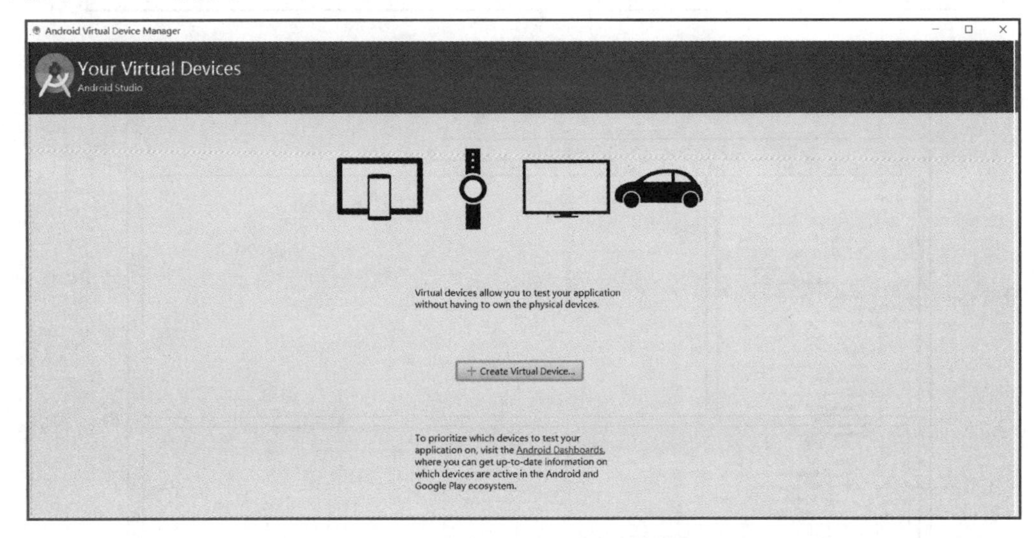

图 3-3-1 AVD Manager 初始界面

② 单击 Create Virtual Device 按钮，打开模拟器配置界面，如图 3-3-2 所示。在左边选择自已需要的设备类型，如 Phone，也可以根据自已的需要选择 TV 或者穿戴设备。分辨率和屏幕大小根据需要选择好后单击 Next 按钮。

③ 接下来的界面是 System Image，在这个界面中，用户需要选择自已需要的镜像。根据前面的需求，这里选择 API Level 为 23 的镜像，同时根据情况选择 x86 或 x86_64，如图 3-3-3 所示。

这里需要下载虚拟机镜像，单击 Download 链接进行下载，下载虚拟机镜像对话框如图 3-3-4 所示。

下载完成后单击 Finish 按钮退出。

④ 下载完成后回到选择 System Image 界面，选择已经下载的镜像，单击 Next 按钮。在 Android Virtual Device（AVD）界面中设置虚拟设备的参数，如图 3-3-5 所示。

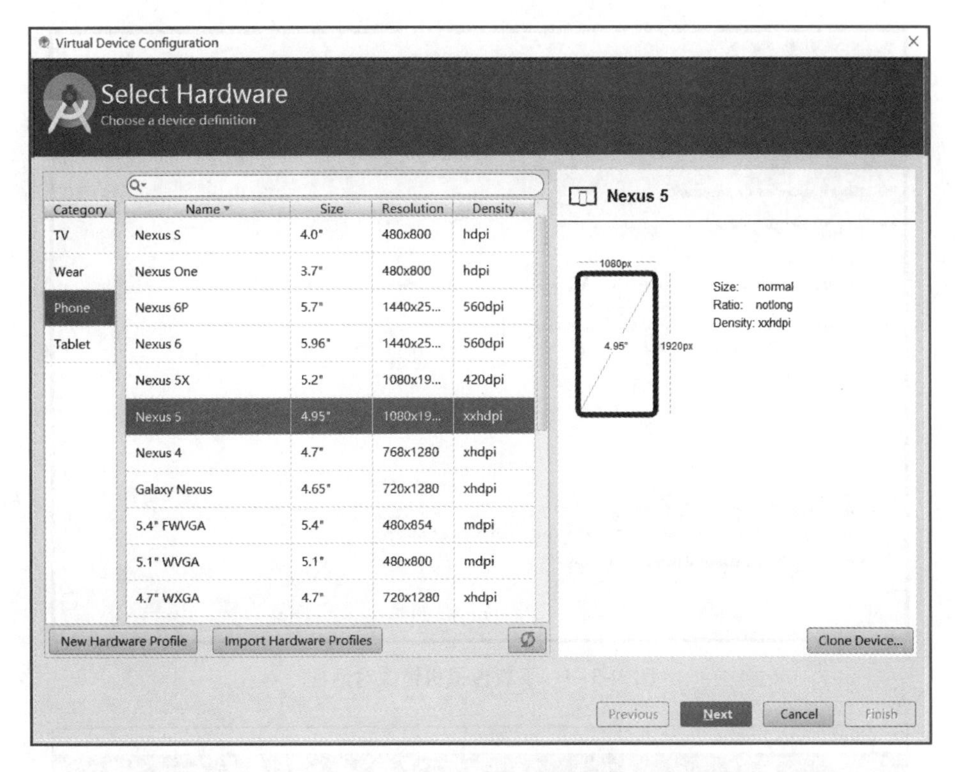

图 3-3-2　模拟器配置界面

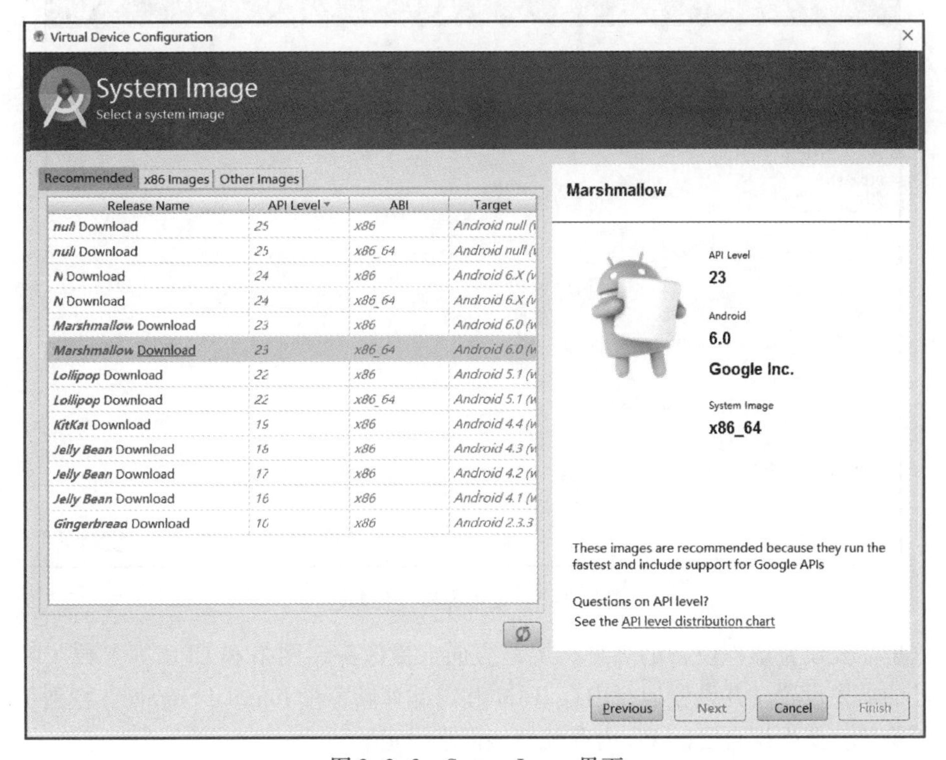

图 3-3-3　System Image 界面

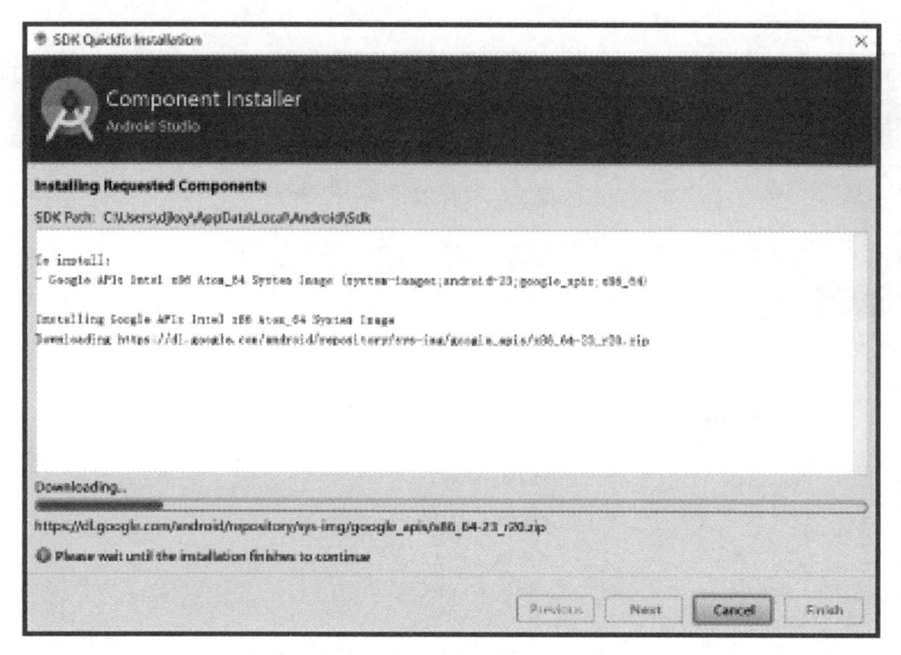

图 3-3-4　下载虚拟机镜像对话框

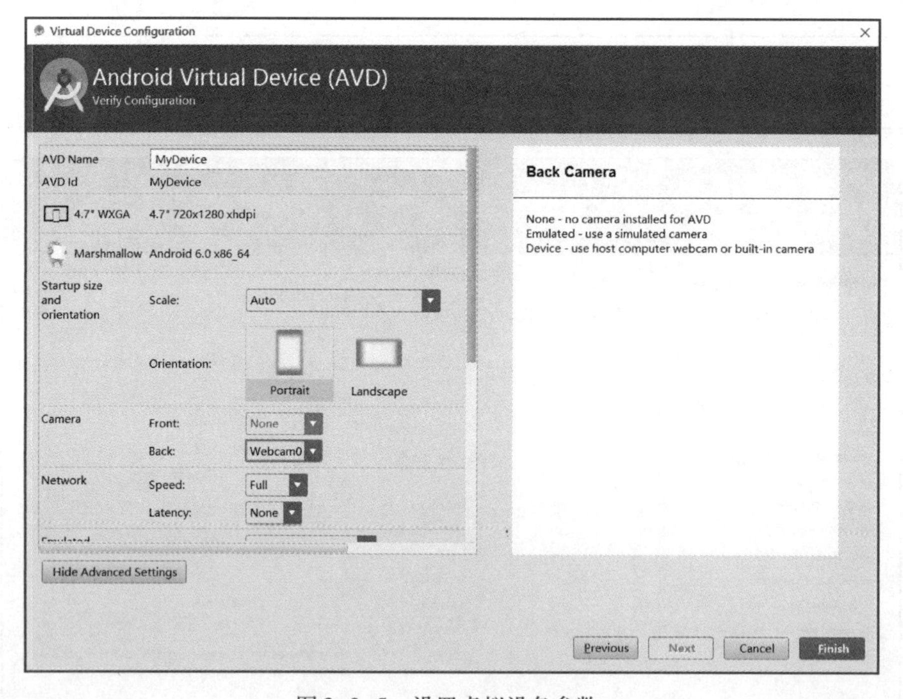

图 3-3-5　设置虚拟设备参数

在这里需要设置虚拟设备的名称、屏幕方向、摄像头、网络和 CPU 等参数。用户可以根据自己的需要设置，并设置运行内存 RAM 和内部存储容量 Internal Storage。特别是运行内存，比较重要，要根据自己的 PC 内存和性能需求设定。

设定完成后单击 Finish 按钮，创建成功后会打开虚拟设备列表，如图 3-3-6 所示。

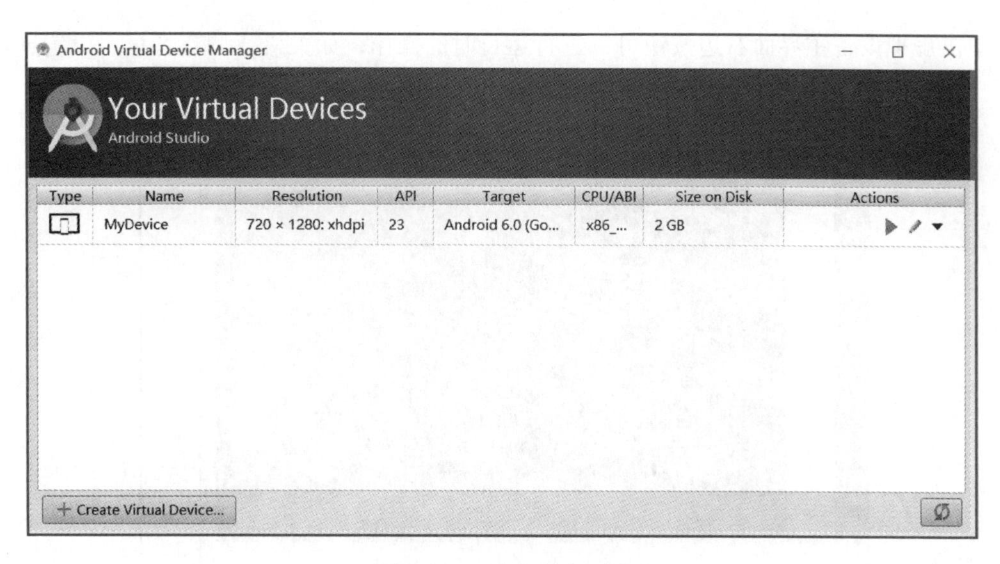

图 3-3-6 虚拟设备列表

⑤ 在虚拟设备列表界面中，单击✎按钮可以重新编辑所安装的虚拟设备。单击▼按钮可以查看细节或者删除该虚拟设备。单击▶按钮可运行设备。进度条结束后，稍等片刻就可以看到模拟器已经开始开机了，开机画面过后进入主界面，说明模拟器创建成功，如图 3-3-7 所示。

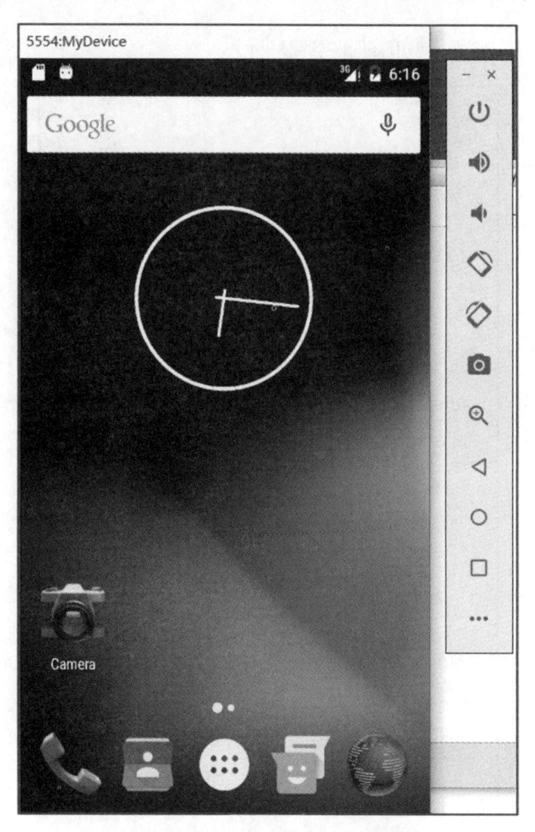

图 3-3-7 虚拟设备主界面

单击虚拟设备主界面右边按钮可以进行运行时的操作，如关机、调整音量、设置屏幕方向等。例如，单击按钮可旋转屏幕，效果如图 3-3-8 所示。

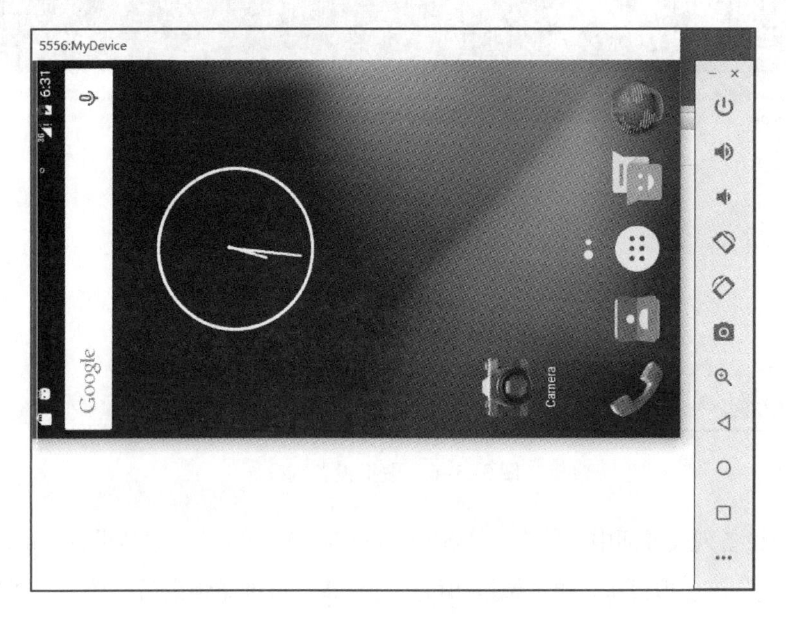

图 3-3-8　虚拟设备旋转屏幕效果

⑥ 运行具体 APP 程序的效果如图 3-3-9 所示。

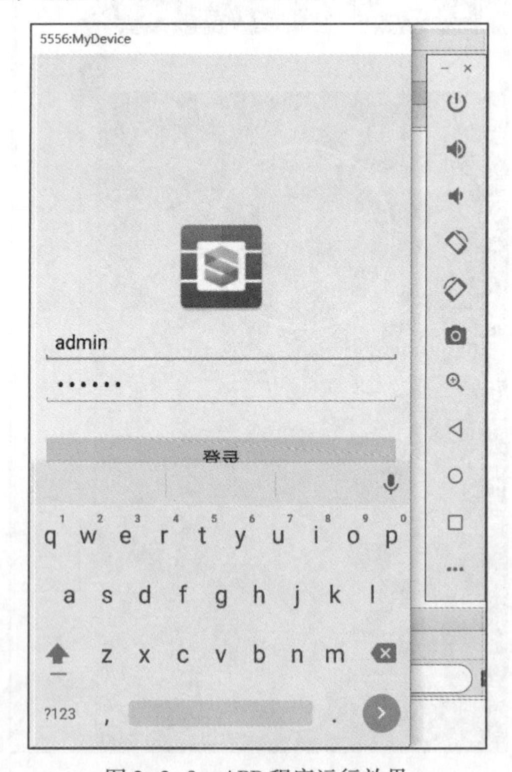

图 3-3-9　APP 程序运行效果

任务3-4 新建HelloWorld Android程序

1. 相关知识

Android Studio 中有两个概念：Project 和 Module。在 Android Studio 中，Project 的真实含义是工作空间，Module 为一个具体的项目。

在 Eclipse 中，用户可以同时对多个 Eclipse 的 Project 同时编辑，这些 Project 在同一个 Workspace 之中。在 Android Studio 中，用户也可以同时对多个 Android Studio 的 Module 进行同时编辑，这些 Module 在同一个 Project 之中。也就是说，Eclipse 的 Project 等同于 Android Studio 的 Module，Eclipse 的 Workspace 等同于 Android Studio 的 Project。

本文中所说到的项目指的是 Android Studio 的 Module。Android Studio 创建一个项目，首先要先创建 Project。在创建项目的同时，Project 便自动创建了。读者不要混淆项目和 Project 这两种概念。

Android Studio 创建项目的过程，其实就是 Eclipse 创建项目过程的细分化。Eclipse 的多个在一个页面设置的内容，被 Android Studio 拆分成了多个页面，因此，创建项目的过程其实并不复杂。

2. 实现步骤

① 在启动界面中选择 Start a new Android Studio project 选项来创建第一个 Android 程序。

在 New Project 界面的 Application name 文本框中输入工程名称“HelloWorld”，在 Company Domain 文本框中输入包名“xiandian. example. com”，然后在 Project location 组合框中选择 Andorid 项目的工作目录路径，单击 Next 按钮创建新工程，如图 3-4-1 所示。

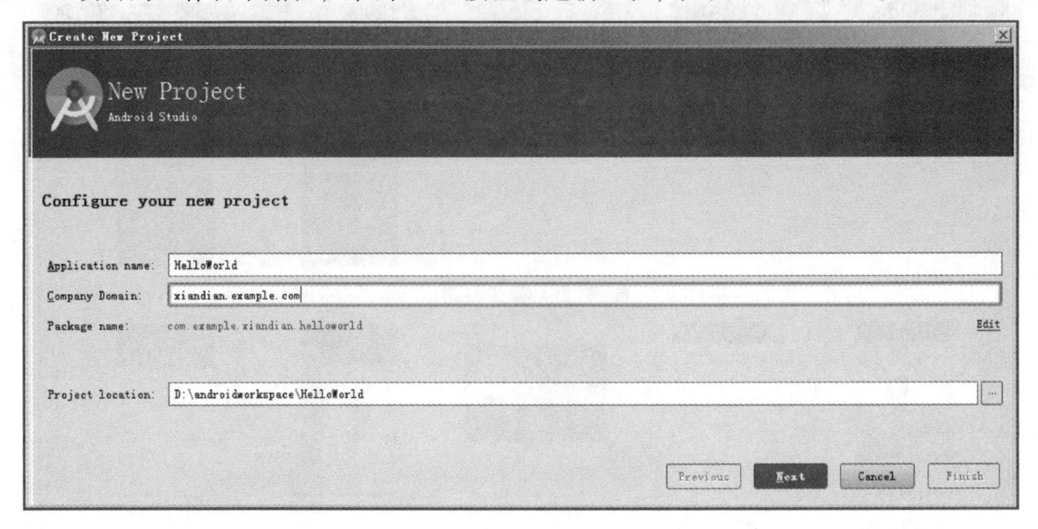

图 3-4-1 New Project 界面

② 接下来在 Target Android Devices 界面选择项目运行的 Android 设备，这里选择手机和平板设备，即选择 Phone and Tablet 复选框。并且在 Minimum SDK 下拉列表框中选择最低支持的 SDK 版本，即 API 13，单击 Next 按钮，界面如图 3-4-2 所示。

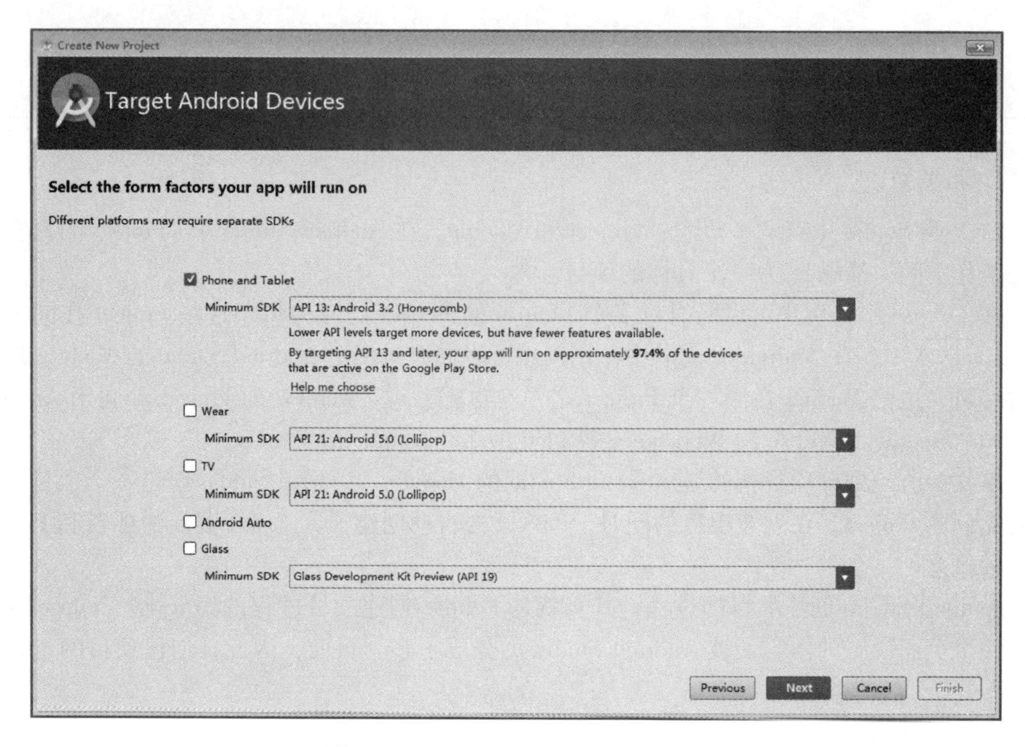

图 3-4-2　Target Android Devices 界面

③ 在 Add an Activity to Mobile 界面中选择一种 Activity 样式，单击 Next 按钮，如图 3-4-3 所示。有关 Activity 的知识会在后面章节中介绍。

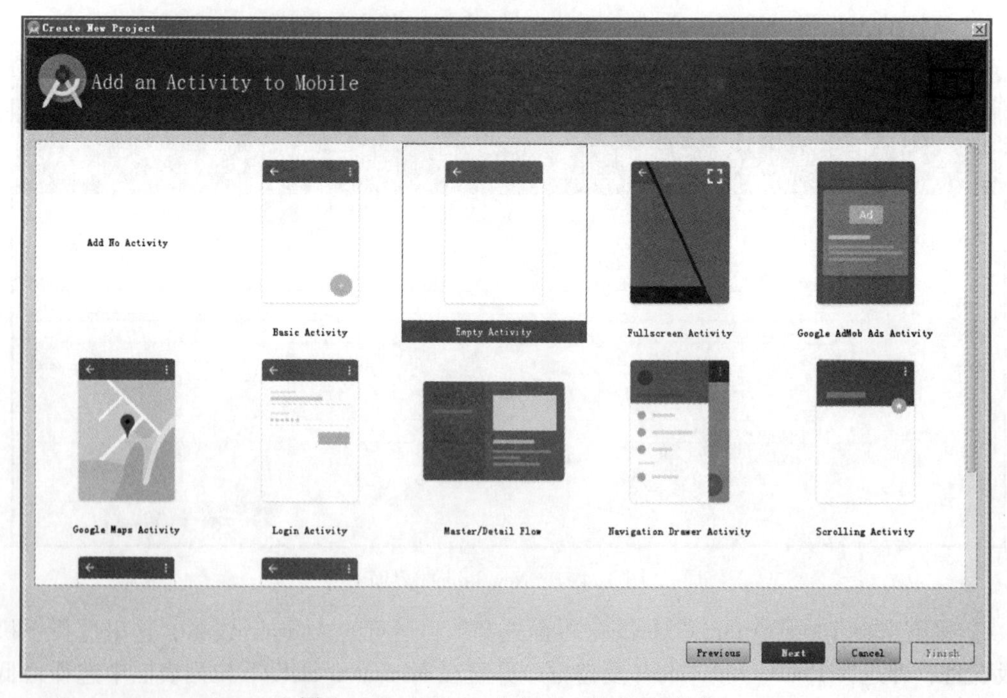

图 3-4-3　Add an Activity to Mobile 界面

④ 最后在 Customize the Activity（自定义活动）界面的 Activity Name 文本框内输入 Activity 的名称“MainActivity”，在 Layout Name 文本框内输入所用 Layout 的名称“activity_main”，单击 Finish 按钮，完成创建，如图 3-4-4 所示。有关 Layout 的知识也会在后面章节中详细介绍。

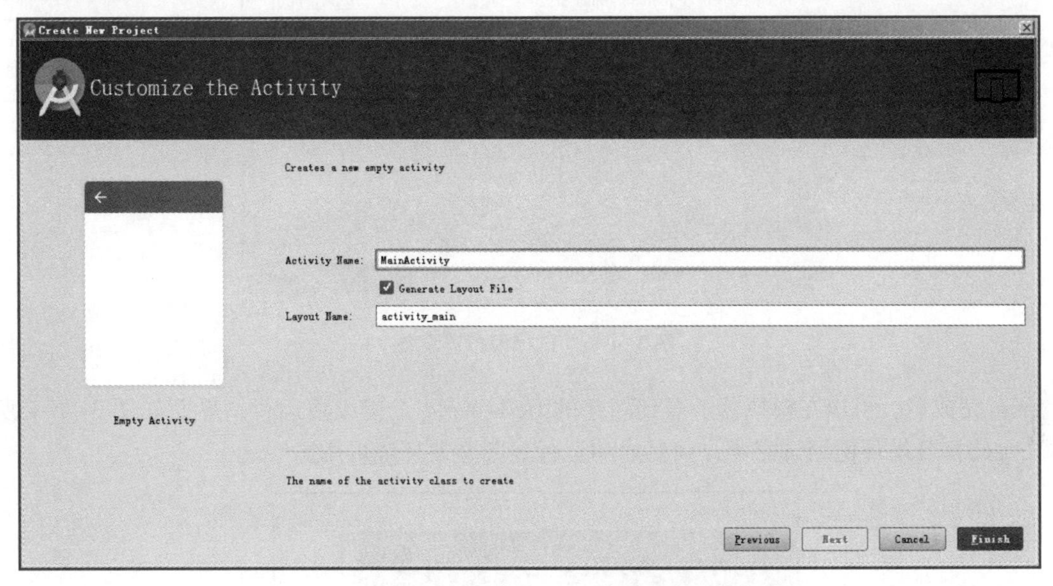

图 3-4-4　Customize the Activity 界面

⑤ 等待工程创建完成之后，就可以看到工程的结构和 MainActivity 的代码。单击工具栏的运行按钮▶来运行工程，创建工程后的界面如图 3-4-5 所示。在这个操作之前，应确保之前的安卓模拟器安装完毕并开启。

```
package com.example.administrator.myapplication;

import ...

public class MainActivity extends AppCompatActivity {

    @Override
    protected void onCreate(Bundle savedInstanceState) {
        super.onCreate(savedInstanceState);
        setContentView(R.layout.activity_main);
    }
}
```

图 3-4-5　创建工程后的界面

⑥ 接下来选择需要运行的模拟器设备，选择之前所安装的名称为 MyDevice 的内置模拟器，单击 OK 按钮，如图 3-4-6 所示。

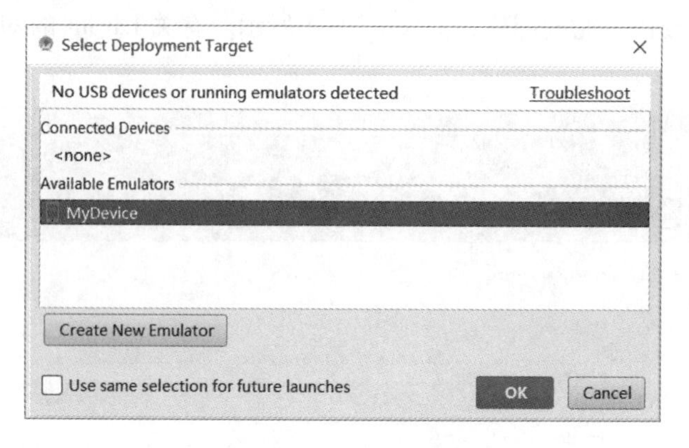

图 3-4-6 选择模拟器设备

⑦ 完成后，可以在模拟器上看到新建的 HelloWorld 工程成功运行，界面如图 3-4-7 所示。至此，开发环境测试完毕，项目成功运行表明开发环境可用。

图 3-4-7 Hello World 工程运行界面

任务 3 – 5　认识和掌握 Gradle 的基本配置

1. 相关知识

Gradle 是一个基于 Ant 和 Maven 概念的项目自动化构建工具。它使用一种基于 Groovy 的特定领域语言（DSL）来声明项目设置，这比 Ant 使用 XML 构建配置要灵活得多。在编写配置时，可以像编程一样灵活。Gradle 基于 Groovy 的 DSL 语言，完全兼容 Java。当前其支持的语言限于 Java、Groovy 和 Scala，未来将支持更多的语言。

目前，Gradle 所支持的主要开发工具有 IntelliJ IDEA、Eclipse、Android Studio 等。实际上，Android Studio 本身也是基于 IntelliJ IDEA 内核的。

Gradle 有如下特点。

① 它是一种像 Ant 一样灵活且通用的构建工具。

② 是一种可切换的像 Maven 一样的基于约定的构建框架，约定优于配置。

③ 是对多项目构建的强力支持。

④ 是对依赖管理的强力支持（基于 Apache Ivy）。

⑤ 对已有的 Maven 和 Ivy 仓库有着全面的支持。

⑥ 支持可传递性的依赖管理，而不需要远程仓库或者 pom. xml 和 ivy. xml 配置文件。

⑦ Gradle 能够很好地支持 Ant 任务和构建。

⑧ 支持用 Groovy 语言编写 Gradle 的脚本。

⑨ 拥有丰富的领域模型来构建脚本。

在 Android Studio 中新建项目并成功后会下载 Gradle。由于 Gradle 下载镜像站点在国外，所以下载速度会比较慢。下载的 Gradle 默认会在指定的路径下。例如，在 Mac 平台上会默认下载到“××/Users/<用户名>/. gradle/wrapper/dists××”目录，而在 Windows 平台会默认下载到“C:\Documents and Settings<用户名>. gradle\wrapper\dists”目录。

用户会看到这个目录下有个 gradle – x. xx – all 文件夹。如果下载实在太慢，用户也可以自己到 Gradle 官网下载对应的版本，然后将下载的 . zip 文件（也可以解压）复制到上述的 gradle – x. xx – all 文件夹下。不过，如果是打开已有的应用程序，考虑到版本的兼容性，还是让 Android Studio 直接下载比较好。

Projects 和 Tasks 是 Gradle 中最重要的两个概念，任何一个 Gradle 构建都是由一个或者多个 Project 组成的，每个 Project 可以是一个 jar 包，一个 Web 应用，或者是一个 Android APP 等。每个 Project 又由多个 Task 构成，一个 Task 其实就是构建过程中一个原子性的操作，如编译、复制等。

一个 build. gradle 文件是一个构建脚本，当运行 Gradle 命令的时候会从当前目录查找 build. gradle 文件来执行构建。下面来看下 Gradle 的 Hello World 应用，在 build. gradle 构建文件中输入以下构建脚本。

```
task hello {
    doLast {
```

```
        println 'Hello World!'
    }
}
```

Task 定义了一个任务，这个任务名字是 hello。doLast 是 Task 的方法，意思是在该 hello 任务执行之后做的事情，可以用一个闭包配置它，这里是输出“Hello World!”字符串。在终端里执行如下命令来运行查看结果。

```
$gradle hello -q
Hello World!
```

2. 实现步骤

（1）认识工程配置文件 settings. gradle

在工程根目录下有文件 settings. gradle，用于配置 Project，标明其下有几个 Module。例如，默认都会包含一个 APP Module。

```
include ':app'
```

在本书的教学项目中用到了 Swift SDK，这个 Module 也被包含在工程中，因此在后面的学习过程中可看到该文件的内容代码如下。

```
include ':app', ':openstack-java-jdk'
```

这个文件在工程配置过程中会自动生成。

（2）认识 build 配置文件

和 settings. gradle 在同一目录下的 build. gradle 是一个顶级的 build 配置文件，在这里可以为所有 project 及 module 配置一些常用的配置。

```
// Top-level build file where you can add configuration options common to all sub-projects/
modules.
buildscript {
    repositories {
        jcenter()
    }
    dependencies {
//依赖 Android 提供的 2.2.3 的 gradle build
        classpath 'com.android.tools.build:gradle:2.2.3'
        // NOTE:Do not place your application dependencies here;they belong
        // in the individual module build.gradle files
    }
}
allprojects {
```

```
        repositories {
            jcenter()
        }
    }
    task clean(type:Delete) {
        delete rootProject.buildDir
    }
    //为所有工程的 repositories 配置 jcenters
    allprojects {
        repositories {
            jcenter()
        }
    //Java 编译器版本为 1.7
        tasks.withType(JavaCompile) {
            sourceCompatibility = 1.7
            targetCompatibility = 1.7
        }
    }
    //设定 SDK 版本为 23
    android {
        compileSdkVersion 23
        buildToolsVersion '23.0.0'
    }
    dependencies {
    }
```

（3）Android Gradle 基本配置

下面着重说一下 Android 项目的 Gradle，对 Android 开发来说，这才是重中之重。这里以初始化好的 build.gradle 为例。在项目的 APP 目录下可以看到 build.gradle。

```
apply plugin:'com.android.application'
android {
    compileSdkVersion 23
    buildToolsVersion "23.0.0"

    defaultConfig {
        applicationId "com.xiandian.openstack.cloud.swiftstorage"
        minSdkVersion 13
```

```
        targetSdkVersion 23
        versionCode 1
        versionName "1.0"
    }
    buildTypes {
        release {
            minifyEnabled false
            proguardFiles getDefaultProguardFile('proguard-android.txt'),'proguard-rules.pro'
        }
    }
}
dependencies {
    compile fileTree(dir:'libs',include:['*.jar'])
    testCompile 'junit:junit:4.12'
    compile project(':openstack-java-jdk')
    compile files('libs/jackson-annotations.jar')
    compile files('libs/jackson-core.jar')
    compile files('libs/jackson-databind.jar')
    compile 'com.android.support:appcompat-v7:23.0.0'
    compile 'com.android.support:design:23.0.0'
    compile 'com.android.support:support-v4:23.0.0'
}
```

第一行的 apply plugin:'com.android.application'表示该 Module 是一个 APP Module，应用了 com.android.application 插件。如果是一个 Android Library，那么这里的应该是 apply plugin:'com.android.library'。

其次是基于哪个 SDK 编译，这里的 API Level 是 23，buildToolsVersion 是基于哪个构建工具版本进行构建的。defaultConfig 是默认配置，如果没有其他的配置覆盖，就会使用默认配置。读者看其属性的名称就可以知道其作用，例如，applicationId 是配置包名的，versionCode 是版本号，versionName 是版本名称等。

buildTypes 是构建类型，常用的有 release 和 debug 两种，可以在这里面启用混淆，启用 zipAlign 及配置签名信息等。

dependencies 就不属于 Android 专有的配置了，它定义了该 Module 需要依赖的 jar、aar、jcenter 库信息。

（4）配置应用的签名信息

在 android.signingConfigs{}下可以定义一个或者多个签名信息，然后在 buildTypes{}中配置使用即可，如可以按照下面的方式进行定义。

```
android {
    signingConfigs {
        release {
            storeFile file("release.keystore")
            keyAlias "release"
            keyPassword "123456"
            storePassword "123456"
        }
        debug {
            ...
        }
    }
    buildTypes {
        release {
            signingConfig signingConfigs.release
        }
        debug {
            signingConfig signingConfigs.debug
        }
    }
}
```

storeFile file 是签名证书文件，keyAlias 是别名，keyPassword 是 key 的密码，storePassword 是证书的密码。配置好相关信息即可在 buildTypes 配置使用。

（5）启用 proguard 混淆

用户可以为不同的 buildTypes 选择是否启用混淆。一般，release 发布版本需要启用混淆，这样别人反编译之后就很难分析开发者的代码，而用户自己开发调试的时候是不需要混淆的，所以 debug 不启用混淆。对 release 启用混淆的配置如下：

```
android {
    buildTypes {
        release {
            minifyEnabled true
            proguardFile 'proguard.cfg'
        }
    }
}
```

minifyEnabled 为 true 表示启用混淆，proguardFile 是混淆使用的配置文件，这里是 module 根目录下的 proguard.cfg 文件。

（6）启用 zipAlign

Android SDK 包含了一个用于优化 APK 的新工具 zipAlign。它提高了优化后的 Applications 与 Android 系统的交互效率（俗话：“要致富先修路”，Android 小组重新为 Applications 与 Android 系统之间搭建了一条高速公路），从而可以使整个系统的运行速度有了较大的提升。Android 小组强烈建议开发者在发布新 Apps 之前使用 zipAlign 优化工具，而且对于已经发布但不受限于系统版本的 Apps，建议用优化后的 APK 替换现有的版本。

这个也是比较简单的，同样也是在 buildTypes 里配置，可以为 buildTypes 选择是否开启 zipAlign。

```
android {
    buildTypes {
        release {
            zipAlignEnabled true
        }
    }
}
```

（7）多渠道打包

国内的 Android APP 市场非常多，所以才有了多渠道打包，每次发版几十个渠道包。不过 Android Gradle 给开发者提供了 productFlavors，让开发者可以对生成的 APK 包进行定制，所以就有了多渠道。

```
android  {
    productFlavors {
        dev{
        }
        google{
        }
        baidu{
        }
    }
}
```

这样，当开发者运行 assembleRelease 的时候就会生成 3 个 release 包，分别是 dev、google 及 baidu 的。目前看，这 3 个包除了文件名外没有什么不一样，因为开发者还没有定制，使用的都是 defaultConfig 配置。这里的 flavor 和 defaultConfig 是一样的，可以自定义其 applicationId、versionCode 及 versionName 等信息，如区分不同包名。

```
android  {
    productFlavors {
        dev{
```

```
            applicationId "org.flysnow.demo.dev"
        }
        google{
            applicationId "org.flysnow.demo.google"
        }
        baidu{
            applicationId "org.flysnow.demo.baidu"
        }
    }
}
```

（8）批量修改生成的 APK 文件名

在开发者打包发布的时候，一次性打几十个包，这时候就需要让生成的 APK 文件名有区分，如一眼就能看出这个 APK 是哪个版本，哪个渠道，哪天打的包等，这就需要开发者在生成 APK 文件的时候动态修改生成的 APK 文件名。例如：

```
def buildTime() {
    def date = new Date()
    def formattedDate = date.format('yyyyMMdd')
    return formattedDate
}
android {
    buildTypes {
        release {
            applicationVariants.all { variant ->
                variant.outputs.each { output ->
                    if (output.outputFile != null && output.outputFile.name.endsWith
('.apk')
                        &&'release'.equals(variant.buildType.name)) {
                        def apkFile = new File(
                            output.outputFile.getParent(),

 "Mymoney_${variant.flavorName}_v ${variant.versionName}_${buildTime()}.apk")
                        output.outputFile = apkFile
                    }
                }
            }
        }
```

```
    }
}
```

以 baidu 渠道为例，以上的代码会生成一个名字为 Mymoney _ baidu _ v9. 5. 2. 6 _ 20150330. apk 的安装包。下面请读者分析一下，Android Gradle 任务比较复杂，它的很多任务都是自动生成的，为了可以更灵活地控制，Android Gradle 提供了 applicationVariants、libraryVariants 及 testVariants，它们可分别适用于 APP、Library，或 APP 和 Library 都适用。

这里循环处理每个 applicationVariant，当它们的输出文件名以 apk 结尾，并且 buildType 是 release 时，重新设置新的输出文件名，这样就达到了批量修改生成的文件名的目的。

（9）认识 AndroidManifest 里的占位符

AndroidManifest. xml 是一个很重要的文件，用户的很多配置都在这里定义。有时候用户的一些配置信息，如第三方应用的 key、第三方统计分析的渠道号等也要在这里进行配置。这里以友盟统计分析平台为例，演示这一功能的使用。在友盟统计分析中，需要根据渠道进行统计，如 google、百度、应用宝等渠道的活跃新增等。友盟的 SDK 是在 AndroidManifest 里配置一个 name 为 UMENG_CHANNEL 的 meta - data，这样，这个 meta - data 的值就表示这个 APK 是哪个渠道。开发者版本发布有几十个渠道，以前 Ant 打包的时候采用文字替换的办法，现在 Gradle 有更好的处理办法，那就是 manifestPlaceholders。它允许开发者动态替换开发者在 AndroidManifest 文件里定义的占位符。

```
<meta - data android:value = "${UMENG_CHANNEL_VALUE}" android:name = "UMENG_
CHANNEL"/>
```

如上的 ${UMENG_CHANNEL_VALUE} 就是一个占位符，然后在 Gradle 的 defaultConfig; 里这样定义脚本：

```
android {
    defaultConfig {
        manifestPlaceholders = [UMENG_CHANNEL_VALUE:'dev']
    }
}
```

以前的意思就是，在开发者的默认配置里，AndroidManifest 的 " ${UMENG_CHANNEL_VALUE}" 占位符会被 dev 这个字符串所替换，也就是说，默认运行的版本是一个开发版。以此类推，开发者其他渠道的版本就可以这样定义。

```
android {
    productFlavors {
        google{
            applicationId "org. flysnow. demo. google"
            manifestPlaceholders. put("UMENG_CHANNEL_VALUE",'google')
        }
```

```
        baidu{
            applicationId "org.flysnow.demo.baidu"
            manifestPlaceholders.put("UMENG_CHANNEL_VALUE",'baidu')
        }
    }
}
```

这样，有多少个渠道就做多少次这样的定义，即可完成分渠道统计。但是如果有上百个渠道，这样一个个写的确太累，很麻烦。继续研究，开发者就能发现，渠道名字和flavorName一样。开发者用这个flavorName作为“UMENG_CHANNEL_VALUE”就可以批量替换了，这也体现了Gradle的强大和灵活之处。

```
productFlavors.all { flavor ->
        manifestPlaceholders.put("UMENG_CHANNEL_VALUE",name)
    }
```

循环每个flavor，并把它们的“UMENG_CHANNEL_VALUE”设置为自己的name。

（10）自定义BuildConfig

BuildConfig.java是Android Gradle自动生成的一个Java类文件，无法手动编译，但是可以通过Gradle控制，也就是说它是动态可配置的。这里以生产环境和测试环境为例来说明该功能的使用。

开发者在开发APP的时候免不了要和服务器进行通信，开发者的服务器一般都有生产环境和测试环境，当开发者处理开发和测试的时候使用测试环境进行调试，正式发布的时候使用生成环境。以前，开发者通过把不同的配置文件打包进APK中来控制，现在不一样了，开发者可以有更简便的方法，这就是buildConfigField。

```
android {
    defaultConfig {
        buildConfigField 'String','API_SERVER_URL','"http://test.flysnow.org/"'
    }
    productFlavors {
        google{
            buildConfigField 'String','API_SERVER_URL','"http://www.flysnow.org/"'
        }
        baidu{
            buildConfigField 'String','API_SERVER_URL','"http://www.flysnow.org/"'
        }
    }
}
```

buildConfigField一共有3个参数，第1个是数据类型，就是用户定义的常量值是一个什么类型，和 Java 的类型是对等的，这里是 String。第 2 个参数是常量名，这里是 API_SERVER_URL。第 3 个参数是常量值。如此定义之后，就会在 BuildConfig. java 中生成一个常量名为 API_SERVER_URL 的常量定义。默认配置的生成是：

```
public final static String API_SERVER_URL = "http://test.flysnow.org/"
```

当是 baidu 和 google 渠道的时候生成的就是 http://www.flysnow.org/了。这个常量可以在编码中引用，在进行打包的时候会根据 Gradle 配置动态替换。

开发者发现一般渠道版本都是用来发布的，肯定用的是生产服务器，所以开发者可以使用批处理来解决这个事情，而不用在一个个渠道里写这些配置。

```
productFlavors.all { flavor ->
        buildConfigField 'String','API_SERVER_URL','"http://www.flysnow.org/"'
    }
```

此外，比如 Gradle 的 resValue，也是和 buildConfigField 类似，只不过它控制生成的是资源，例如，在 Android 的 values. xml 定义生成的字符串，可以用它来动态生成开发者想要的字符串，如应用的名字，可能一些渠道会不一样，这样就可以很灵活地控制自动生成。关于 rcsValue 的详细介绍请参考相关文档，这里不再举例说明。

任务 3－6　Android 的单元测试

1. 相关知识

单元测试（Unit Testing），是指对软件中的最小可测试单元进行检查和验证。对于单元测试中的单元，一般来说，要根据实际情况去判定其具体含义。例如，C 语言中的单元指一个函数；Java 里的单元指一个类；在图形化的软件中，单元可以指一个窗口或一个菜单等。总的来说，单元就是人为规定的最小的被测功能模块。单元测试是在软件开发过程中要进行的最低级别的测试活动，软件的独立单元将在与程序的其他部分相隔离的情况下进行测试。

在一种传统的结构化编程语言中，如 C，要进行测试的单元一般是函数或子过程。在像 Java 这样的面向对象的语言中，要进行测试的基本单元是类。对 Ada 语言来说，开发人员可以选择是在独立的过程和函数上进行单元测试，还是在 Ada 包的级别上进行。单元测试的原则同样被扩展到第四代语言（4GL）的开发中，在这里，基本单元被典型地划分为一个菜单或显示界面。

经常与单元测试联系起来的另外一些开发活动包括代码走读（Code review）、静态分析（Static analysis）和动态分析（Dynamic analysis）。静态分析就是对软件的源代码进行研读，查找错误或收集一些度量数据，并不需要对代码进行编译和执行。动态分析就是通过观察软件运行时的动作，来提供执行跟踪、时间分析，以及测试覆盖度方面的信息。

在 Android Studio 中进行单元测试并不需要什么插件或者过多的配置，Android Studio 本身就集成了测试环境，无论是单纯的 Java 代码单元测试还是依赖 Android SDK 的 Android 代码单元测试，都能得心应手。

2. 实现步骤

① 了解测试相关的文件。

以下以一个由 Android Studio 一步步创建的全新工程为例。

在 src 目录下会包含 3 个目录，分别为 androidTest、main 和 test。

main 目录下为项目代码，androidTest 目录下的内容在编写 Android 测试用例时使用，test 目录下的内容在编写 Java 测试用例时使用，如图 3-6-1 所示。

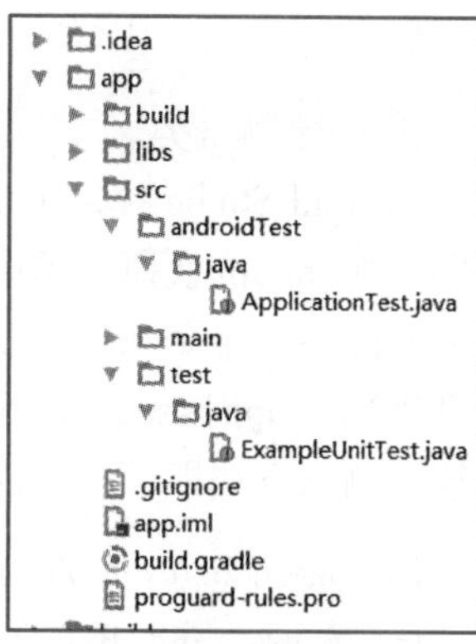

图 3-6-1　和测试相关的文件夹

② 打开工程的 build. gradle（Module：app）文件，检查 dependencies，查看是否有 testCompile 属性。该属性一般会自动生成，如果没有可自主添加，单击工具栏中的 Sync Projects with Gradle files 按钮创建。

```
dependencies {
    compile fileTree(dir:'libs',include:['*.jar'])
    testCompile 'junit:junit:4.12'
    compile 'com.android.support:appcompat-v7:24.0.0-alpha2'
    compile 'com.android.support:design:24.0.0-alpha2'
}
```

当同步 Gradle 配置时，可能需要联网并下载 JUnit 依赖。

③ 创建一个非常简单的被测类：Calculator 类，然后向类中添加一些基本的算术运算方法，比如加法和减法。将下列代码复制到编辑器中，不用担心实际的实现，暂时让所有的方法返回 0。

```
package com.example.testing.testingexample;
public class Calculator {

    public double sum(double a,double b){
        return 0;
    }

    public double substract(double a,double b){
        return 0;
    }

    public double divide(double a,double b){
        return 0;
    }

    public double multiply(double a,double b){
        return 0;
```

```
    }
}
```

④ 创建测试类。

Android Studio 提供了一个快速创建测试类的方法。只需在编辑器内右击 Calculator 类的声明，在弹出的快捷菜单中选择 Go to→Test→Create a new test 命令，在打开的对话框中选择 JUnit4 和"setUp/@Before"，同时为所有的计算器运算生成测试方法。这样，就会在正确的文件夹内（app/src/test/java/com/example/testing/testingexample）生成测试类框架，在框架内输入测试方法即可。下面是一个示例。

```
package com.example.testing.testingexample;
import org.junit.Before;
import org.junit.Test;
import static org.junit.Assert.*;
public class CalculatorTest {
    private Calculator mCalculator;
    @Before
    public void setUp() throws Exception {
        mCalculator = new Calculator();
    }
    @Test
    public void testSum() throws Exception {
        //expected:6,sum of 1 and 5
        assertEquals(6d,mCalculator.sum(1d,5d),0);
    }
    @Test
    public void testSubstract() throws Exception {
        assertEquals(1d,mCalculator.substract(5d,4d),0);
    }
    @Test
    public void testDivide() throws Exception {
        assertEquals(4d,mCalculator.divide(20d,5d),0);
    }
    @Test
    public void testMultiply() throws Exception {
        assertEquals(10d,mCalculator.multiply(2d,5d),0);
    }
}
```

⑤ 测试。

右击 CalculatorTest 类，在打开的快捷菜单中选择 Run→CalculatorTest 命令。也可以通过命令行运行测试，在工程目录内输入：

```
./gradlew test
```

无论如何运行测试，都应该看到 4 个测试都失败了。这是预期的结果，因为前面的 Calculator 类还没有实现运算操作。

修改 Calculator 类中的 sum(double a,double b)方法返回一个正确的结果，重新运行测试，可以看到 4 个测试中的 3 个失败了。

```
public double sum(double a,double b){
    return a + b;
}
```

读者可以实现剩余的方法，使所有的测试通过。

可能读者已经注意到了，Android Studio 从来没有让用户连接设备或者启动模拟器来运行测试。那是因为，位于 src/tests 目录下的测试是运行在本地计算机 Java 虚拟机上的单元测试。编写测试，实现功能使测试通过，然后添加更多的测试，这种工作方式使快速迭代成为可能，这种方式称为测试驱动开发。

项目总结

本项目的前 4 个任务完成之后，读者就能够独立完成开发环境的安装与配置，并且能够建立简单的应用程序了。实际上，Android Studio 除了 Windows 版本，也有对应的 Mac OS X 和 Linux 版本。有条件的读者可以自己尝试安装。在本项目的后面两个任务中，读者了解了 Android Studio 中的 Gradle 构建工具、单元测试工具的应用知识。通过学习，读者能够了解到在实际开发过程中，Gradle 和单元测试是能够帮助开发者进行快速构建、配置和测试的有效工具。这两种工具读者在后面的学习和课下练习时需要有意识地主动应用，尽早熟练掌握。

拓展实训

（1）Eclipse ADT 是之前众多的开发者一直在用的 Android 开发工具，并且目前也有一些公司在使用这种工具。试下载该工具并尝试安装 Eclipse ADT 安卓开发环境，建立简单的项目以进行工具比较。

（2）在实际 Android 开发中必须要使用模拟器来模拟手机运行。目前用户数比较多的模拟器除了本章中读者已经了解到的 Android Studio SDK 中自带的模拟器外，比较著名的还有 Genymotion。Genymotion，它是一套完整的工具，支持 Windows、Linux 和 Mac OS 等操作系统，容易安装和使用。它提供了 Android 虚拟环境。它不只是开发者、测试人员所能够使用的工具，甚至也是手机游戏玩家所喜爱的产品。读者可以更进一步了解该工具并尝试安装及配置该工具。

项目 4

Android基础

学习目标

本项目主要完成以下学习目标。

- 项目程序解读。
- 实现一个线性布局。
- 实现一个相对布局。
- 了解其他常用组件。
- Fragment 碎片的使用。
- 新建带侧滑导航的 APP。
- 定义 APP 名称和图标。
- 实现 NavigationDrawer 导航。
- 实现 Toolbar 工具条。
- 实现文件列表。
- 实现网格布局。
- 实现弹出框、进度条。
- 异步任务模拟文档下载。

项目描述

本项目主要讲解 Android 基础知识，通过几个阶段性项目把网盘 APP 的界面实现。在实现过程中学习和掌握 Android 开发的基础知识和常见控件的应用，同时为后面的功能实现做准备。

任务 4-1 项目程序解读

本章将对项目进行解读，让读者对整个项目有个基本的了解。

打开完整版的项目文件，可以看到工程结构，如图 4-1-1 所示。

在该项目中，最重要的文件夹是 app 中的前 4 个文件夹和第三方 SDK 文件夹，下面逐一说明。

① build：存放项目的输出。

② libs：存放这个项目需要的第三方 jar 文件。

③ src：存放编辑的源代码。

④ build. gradle：是模块中的 gradle 文件。

⑤ openstack - java - jdk：该文件夹下存放云存储开发过程中的 SDK，开发的 APP 的几乎所有的功能实现都来自于这里。

单击打开 src 文件夹下的 main 文件夹，在里面有两个重要的部分。

（1）java 文件夹

此文件夹用于存放编写的程序代码，为了便于代码的管理，需要将不同的功能放在不同的包里，如图 4-1-2 所示。

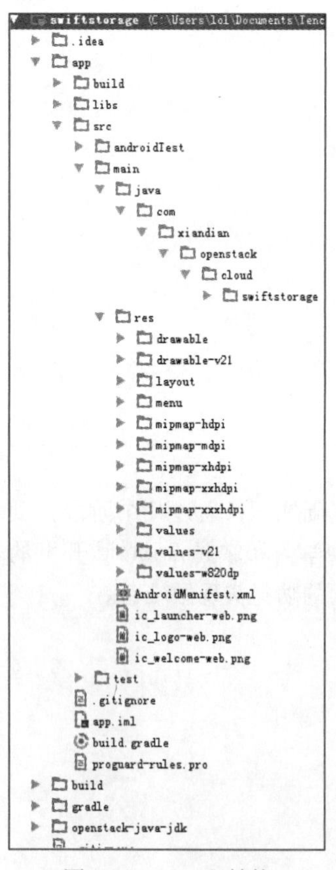

图 4-1-1　工程结构

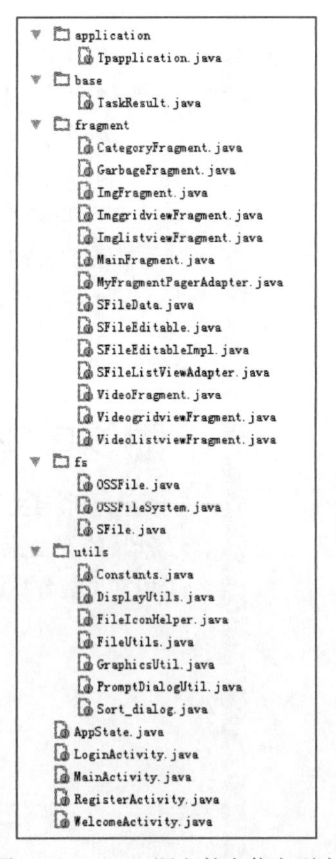

图 4-1-2　java 源文件夹信息列表

① application 包定义全局信息。

② base 包中的 TaskResult 对异步任务执行结果进行封装。

③ fragment 包存放各个 fragment，方便屏幕适配。

④ fs 包对云存储的各类功能进行封装。

⑤ utils 包对各种常用功能进行封装，便于调用。

（2） res 文件夹

该文件夹存放项目中用到的各种资源，如布局、菜单、图片等。

① layout 文件夹：存放布局资源。

② menu 文件夹：存放菜单资源。

③ drawable 文件夹：存放图片资源。

④ values 文件夹：存放值资源。

（3） 清单文件：AndroidManifest. xml

AndroidManifest. xml 是每个 Android 程序中必需的文件。它位于整个项目的根目录，描述了 package 中暴露的组件（如 Activities、Services 等）、它们各自的实现类、各种能被处理的数据和启动位置。除了能声明程序中的 Activities、ContentProviders、Services 和 Intent Receivers 外，还能指定 permissions 和 instrumentation（安全控制和测试）。

```
<?xml version="1.0" encoding="utf-8"?>
<manifest xmlns:android="http://schemas.android.com/apk/res/android"
    package="com.xiandian.openstack.cloud.swiftstorage"
    android:versionCode="1"
    android:versionName="1.0">

    <!-- (1)增加权限,能够访问网络、拍照、存储 -->
    <uses-permission android:name="android.permission.INTERNET"/>
    <uses-permission android:name="android.permission.WRITE_EXTERNAL_STOR-
AGE"/>
    <uses-permission android:name="android.permission.READ_EXTERNAL_STOR-
AGE"/>
    <uses-permission android:name="android.permission.READ_PHONE_STATE"/>
    <uses-permission android:name="android.permission.CAMERA"/>

    <uses-feature android:name="android.hardware.camera"/>
    <uses-feature android:name="android.hardware.camera.autofocus"/>

    <application
        android:allowBackup="true"
        android:icon="@mipmap/ic_launcher"
```

```
        android:label = "@string/app_name"
        android:supportsRtl = "true"
        android:theme = "@style/AppTheme" >
        <activity
            android:name = ".MainActivity"
            android:label = "@string/app_name"
            android:theme = "@style/AppTheme.NoActionBar"/>
        <activity
            android:name = ".LoginActivity"
            android:label = "@string/app_name"

android:theme = "@android:style/Theme.Holo.Light.NoActionBar.Fullscreen"
            android:windowSoftInputMode = "stateHidden | adjustResize"/>
        <activity
            android:name = ".WelcomeActivity"
            android:label = "@string/app_name"

android:theme = "@android:style/Theme.Holo.Light.NoActionBar.Fullscreen"
            android:windowSoftInputMode = "stateHidden | adjustResize" >
            <intent-filter>
                <action android:name = "android.intent.action.MAIN"/>

                <category android:name = "android.intent.category.LAUNCHER"/>
            </intent-filter>
        </activity>
        <activity android:name = ".RegisterActivity" > </activity>
    </application>

</manifest>
```

任务 4-2 实现一个线性布局

1. 相关知识

线性布局是安卓布局中常用的布局。布局时通过对布局属性的设置，将组件放在对应的位置上。常用属性如图 4-2-1 所示。

2. 实现方式

接下来完成一个简单的线性布局的效果。将屏幕水平方向分成左右宽度 1∶2 的两部分，分别用不同的背景颜色。新建一个 .xml 文件，在此文件中加入如下代码。

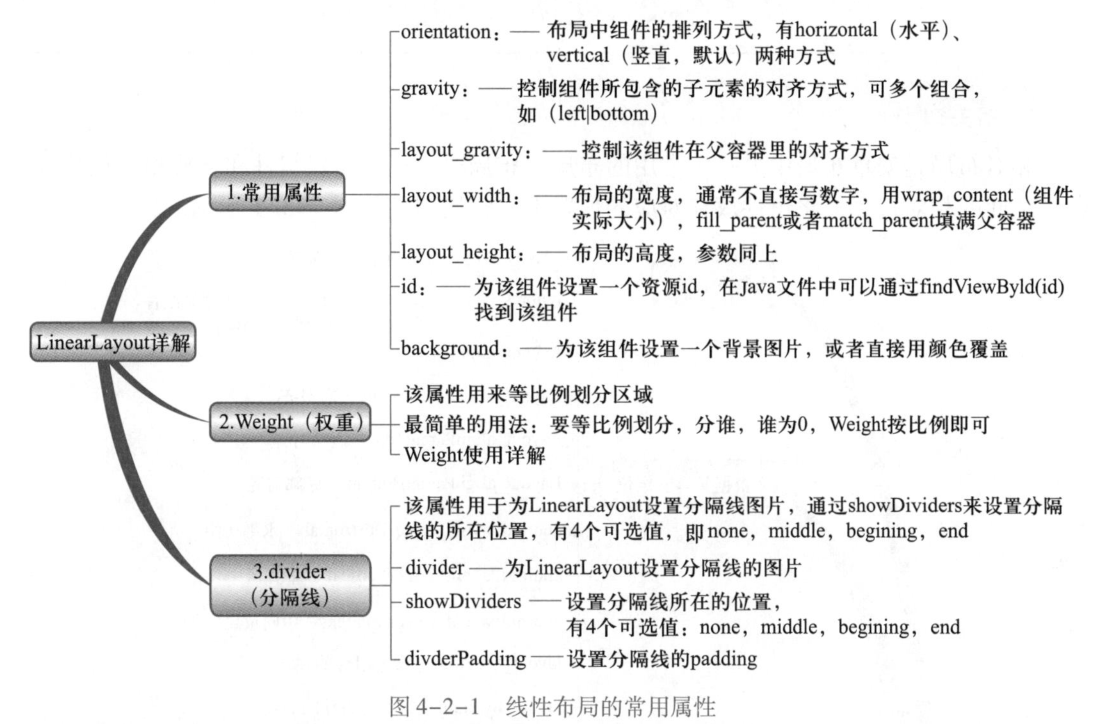

图 4-2-1　线性布局的常用属性

```
<?xml version="1.0" encoding="utf-8"?>
<LinearLayout xmlns:android="http://schemas.android.com/apk/res/android"
    android:layout_width="match_parent"
    android:layout_height="match_parent"
    android:orientation="horizontal" >

     <LinearLayout
        android:layout_width="0dp"
        android:layout_height="match_parent"
        android:layout_weight="1"
        android:background="#ADFF2F"/>

     <LinearLayout
        android:layout_width="0dp"
        android:layout_height="match_parent"
        android:layout_weight="2"
        android:background="#DA70D6"/>

</LinearLayout>
```

任务 4-3 实现一个相对布局

1. 相关知识

相对布局是安卓布局中另一个常用的布局。布局时，通过设置组件和屏幕相对位置或者组件之间的相对位置，将组件放在对应的位置上。常用属性如图 4-3-1 所示。

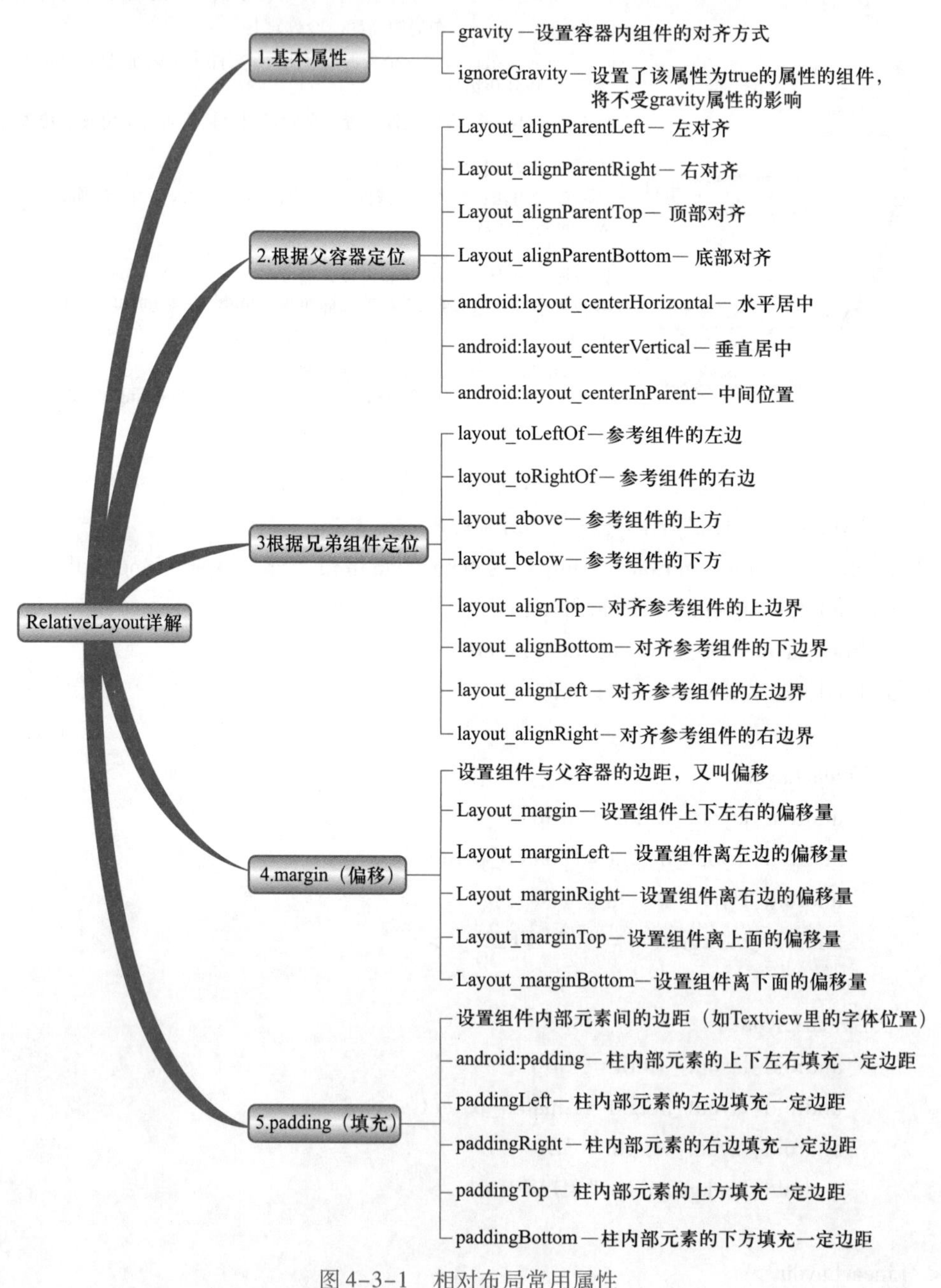

图 4-3-1 相对布局常用属性

2. 实现方式

新建一个 .xml 文件，实现相对布局的布局文件，在此文件中加入如下代码。

```
<?xml version="1.0" encoding="utf-8"?>
<RelativeLayout xmlns:android="http://schemas.android.com/apk/res/android"
    android:layout_width="match_parent"
    android:layout_height="match_parent" >

    <Button
        android:id="@+id/btn1"
        android:layout_width="80dp"
        android:layout_height="80dp"
        android:layout_centerInParent="true"
        android:text="我在中间"/>

    <Button
        android:id="@+id/btn2"
        android:layout_width="80dp"
        android:layout_height="80dp"
        android:layout_alignTop="@id/btn1"
        android:layout_toRightOf="@id/btn1"
        android:text="我在 btn1 右边"/>

    <Button
        android:id="@+id/btn3"
        android:layout_width="80dp"
        android:layout_height="80dp"
        android:layout_alignParentTop="true"
        android:layout_marginTop="40dp"
        android:text="我在顶端离开 40dp"/>

    <Button
        android:id="@+id/btn4"
        android:layout_width="80dp"
        android:layout_height="80dp"
        android:layout_below="@id/btn3"
        android:paddingTop="30dp"
```

```
        android:text = "我在 btn3 下面"/>

</RelativeLayout>
```

任务4-4 其他常用组件

1. 相关知识

(1) TextView

TextView（文本框）的作用是显示文本信息，主要具有如下属性，见表4-1。

表4-1 TextView（文本框）的常用属性

属性名	说明
id	根据id，可以在Java代码中通过findViewById( )方法获取到该对象，然后进行相关属性的设置
layout_width	组件的宽度，一般写成wrap_content或者match_parent(fill_parent)，前者是控件显示的内容多大，控件就多大，而后者会填满该控件所在的父容器；当然也可以设置成特定的大小
layout_height	组件的高度，内容同上
gravity	设置控件中内容的对齐方式
text	设置显示的文本内容，一般是把字符串写到string.xml文件中，然后通过@String/×××取得对应的字符串内容
textColor	设置字体颜色，同上，通过colors.xml资源来引用
textStyle	设置字体风格，有3个可选值：normal（无效果）、bold（加粗）、italic（斜体）
textSize	字体大小，单位一般是sp
background	控件的背景颜色，可以理解为填充整个控件的颜色，可以是图片

(2) EditText

EditText（输入框）与文本框的区别就是一个用于显示，一个用于输入。用户可以通过设置hint属性来设置提示文字；设置inputType属性，限制可以输入的内容信息。

```
android:hint = "默认提示文本"
android:textColorHint = "#95A1AA"
android:inputType = "phone"
```

(3) Button

Button（按钮）的作用主要是实现单击事件。单击的方法名可以通过onClick属性设置。

```
<Button
        android:layout_width = "wrap_content"
```

```
        android:layout_height = "wrap_content"
        android:onClick = "loginClick"
        android:text = "登录"
        android:layout_gravity = "center"/>
```

（4）Toast

Toast 是一种很方便的消息提示框，会在屏幕中显示一个消息提示框，没任何按钮，也不会获得焦点，一段时间过后自动消失。

Toast 最重要的用法如下。

```
Toast.makeText(global_context,str,showTime).show()
```

makeText 接收 3 个参数：第 1 个参数是上下文，第 2 个参数是要显示的文本内容，第 3 个参数是显示时间的长短。最后调用 show 方法，将内容显示。

2. 实现步骤

学习了上面的组件后，下面尝试实现一个登录的效果。

所谓登录，就是将输入的用户名和密码提交到服务器上去验证，然后将验证结果返回。在这里，采用标准的 MVC 的设计思想，完成完整的登录过程。为了简化设计，这里采用一个 MAP 来模拟数据表中的用户信息。

① 创建一个实体类 User，用来保存用户的信息，只有两个属性，用户名（username）和密码（password）。

```
public class User {
    private String username;
    private String password;
    public String getUsername() {
        return username;
    }
    public void setUsername(String username) {
        this.username = username;
    }
    public String getPassword() {
        return password;
    }
    public void setPassword(String password) {
        this.password = password;
    }
}
```

② 创建一个 UserDao 来模拟数据库的访问。这里用 MAP 模拟一个数据库，保存所有的

账号信息，在这个数据库中先增加一个用户。在这个 dao 中有一个 find 方法，可根据用户名取出对应的用户信息。

```
public class UserDao {
    private static Map < String, User >  userMaps = new HashMap < > ( ) ;
static{
    User user = new User( ) ;
    user. setUsername = " swift" ;
    user. setPassword = " swift" ;
    userMaps. put( user. getUsername( ) , user) ;
}
    public User find( String username)
    {
        return userMaps. get( username) ;
    }
}
```

③ 创建一个 UserService 来模拟用户的登录操作。它主要负责从界面中获得输入的用户名和密码，然后调用 dao 中的 find 方法来进行验证，登录处理的方法名为 login。如果登录不正确，则直接抛出异常。

```
public class UserService {
    public void   login( String username, String password) throws Exception
    {
        if( username = = null ||  username. trim( ). equals( " " ) )
            throw new Exception( "用户名不得为空" ) ;
        if( password = = null ||  password. trim( ). equals( " " ) )
            throw new Exception( "密码不得为空" ) ;
        username = username. trim( ) ;
        password = password. trim( ) ;
        UserDao dao = new UserDao( ) ;
        User user = dao. find( username) ;
        if( user = = null)
            throw new Exception( "用户不存在" ) ;
        String dbPassword = user. getPassword( ) ;
        if( !password. equals( dbPassword) )
            throw new Exception( "密码不正确" ) ;
    }
}
```

④ 创建登录界面，采用线性布局。

```
<?xml version="1.0" encoding="utf-8"?>
<LinearLayout xmlns:android="http://schemas.android.com/apk/res/android"
    android:layout_width="match_parent"
    android:layout_height="match_parent"
    android:orientation="vertical" >

    <TextView
        android:layout_width="match_parent"
        android:layout_height="wrap_content"
        android:text="用户名"/>

    <EditText
        android:id="@+id/username"
        android:layout_width="match_parent"
        android:layout_height="wrap_content"/>

    <TextView
        android:layout_width="match_parent"
        android:layout_height="wrap_content"
        android:text="密码"/>

    <EditText
        android:id="@+id/password"
        android:layout_width="match_parent"
        android:layout_height="wrap_content"
        android:inputType="textPassword"/>

    <Button
        android:layout_width="wrap_content"
        android:layout_height="wrap_content"
        android:onClick="loginClick"
        android:text="登录"
        android:layout_gravity="center"/>

</LinearLayout>
```

⑤ 完成 Activity 的制作，应特别注意 loginClick 方法。这个名字和布局中按钮的 onClick

属性名完全一致。

```
private EditText username;
private EditText password;
@ Override
protected void onCreate(Bundle savedInstanceState) {
    super. onCreate(savedInstanceState);
    setContentView(R. layout. forth_layout);
    username = (EditText) findViewById(R. id. username);
    password = (EditText)findViewById(R. id. password);
}

public void loginClick(View v)
{

    UserService userService = new UserService();
    String usernameStr = username. getText(). toString();
    String passwordStr = password. getText(). toString();
    try{
        userService. login(usernameStr,passwordStr);
        Toast. makeText(getApplicationContext()," 登录成功",Toast. LENGTH_SHORT).
show();
    }
    catch (Exception e)
    {
            Toast. makeText ( getApplicationContext ( ), e. getMessage ( ), Toast. LENGTH _
SHORT). show();
    }
}
```

任务 4-5　Fragment 片段的使用

1. 相关知识

Fragment 是一种可以嵌入在活动中的 UI 片段，它能让程序更加合理地使用屏幕空间。Fragment 的生命周期如图 4-5-1 所示。

从上图可以看出，Fragment 和活动使用方法非常接近。

创建 Fragment 可以有两种方式，一种是静态增加，一种是动态增加。下面介绍静态增加 Fragment 的步骤。

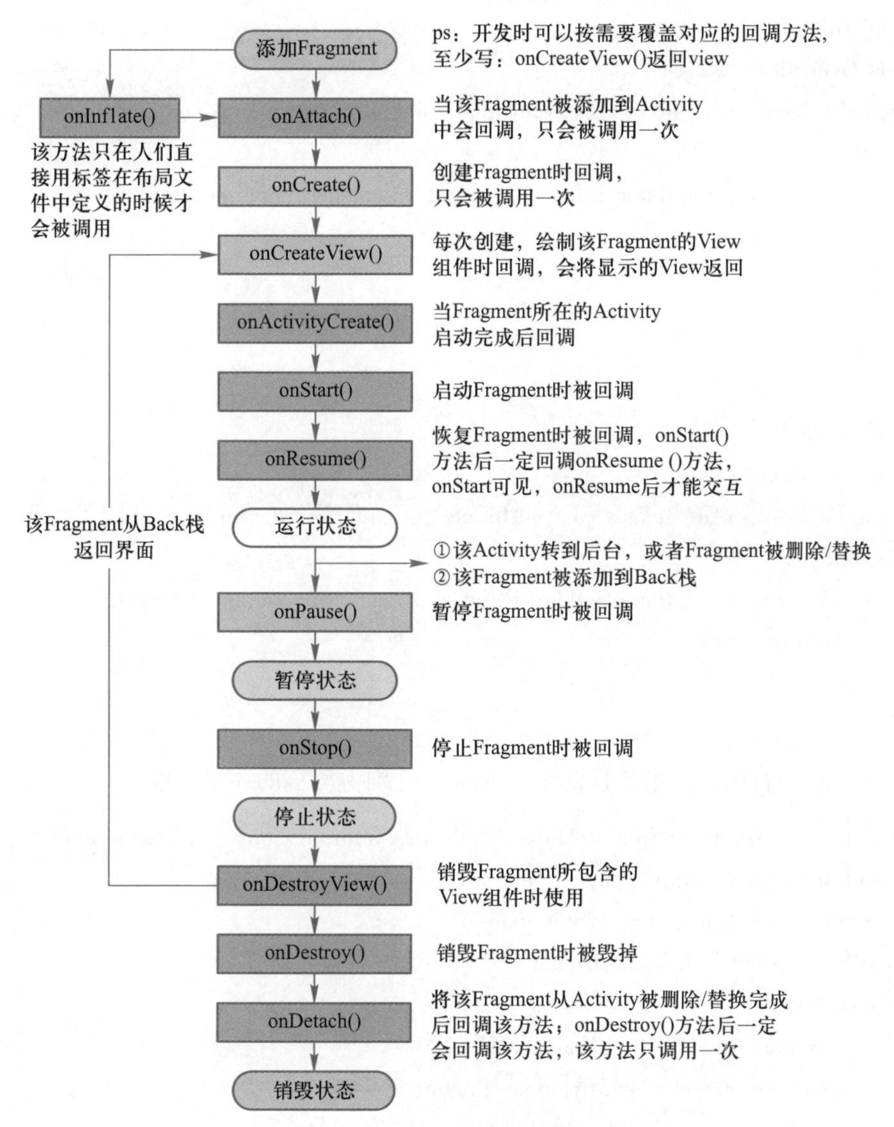

图 4-5-1 Fragment 生命周期图

① 定义 Fragment 的布局，就是 Fragment 显示的内容。

② 自定义一个 Fragment 类，需要继承 Fragment 或者它的子类，重写 onCreateView( ) 方法。在该方法中调用 inflater. inflate( ) 方法，加载 Fragment 的布局文件，接着返回加载的 view 对象。

③ 在需要加载 Fragment 的 Activity 对应的布局文件中添加 Fragment 的标签，name 属性是全限定类名，就是要包含 Fragment 的包。

④ Activity 在 onCreate( ) 方法中调用 setContentView( ) 加载布局文件即可。

首先创建两个 Fragment，分别是 Fragment1 和 Fragment2。这两个 Fragment 分别放了一个按钮和一个文本框。

```
public class Fragment1 extends Fragment {
    @Nullable
    @Override
    public View onCreateView(LayoutInflater inflater, ViewGroup container, Bundle savedIn-
stanceState) {
        View view = inflater.inflate(R.layout.fragment1, container, false);
        return view;
    }
}

public class Fragment2 extends Fragment {
    @Nullable
    @Override
    public View onCreateView(LayoutInflater inflater, ViewGroup container, Bundle savedIn-
stanceState) {
        View view = inflater.inflate(R.layout.fragment2, container, false);
        return view;
    }
}
```

对于主活动的布局，这里让这两个 Fragment 分别占屏幕的一半宽度。

```
<LinearLayout xmlns:android="http://schemas.android.com/apk/res/android"
    android:layout_width="match_parent"
    android:layout_height="match_parent"
    android:orientation="horizontal">
    <fragment
        android:id="@+id/fragment1"
        android:name="px.fragment.Fragment1"
        android:layout_width="0dp"
        android:layout_height="match_parent"
        android:layout_weight="1"/>
    <fragment
        android:id="@+id/fragment2"
        android:name="px.fragment.Fragment2"
        android:layout_width="0dp"
        android:layout_height="match_parent"
        android:layout_weight="1"/>
</LinearLayout>
```

加载布局代码如下。

```
public class MainActivity7 extends AppCompatActivity {
    @ Override
    protected void onCreate( Bundle savedInstanceState) {
        super. onCreate( savedInstanceState) ;
        setContentView( R. layout. nineth_layout) ;
    }
}
```

Fragment 静态加载运行效果如图 4-5-2 所示。

图 4-5-2　Fragment 静态加载运行效果图

2. 实现步骤

在云存储系统中，用得更多的是动态加载。无论是单击图片，还是单击文档或者其他类别，都是把 Fragment 动态地添加到主活动中。动态加载 Fragment 的步骤如下。

① 获得 FragmentManager 对象。

② 获得 FragmentTransaction 对象。

③ 调用 add 方法或者 replace 方法加载 Fragment。

④ commit 方法提交。

下面的例子演示了当处于横屏和竖屏时，屏幕分别展示不同的 Fragment。

主活动代码如下。

```
protected void onCreate( Bundle savedInstanceState) {
    super. onCreate( savedInstanceState) ;
    setContentView( R. layout. ten_layout) ;
    Display dis = getWindowManager( ). getDefaultDisplay( ) ;
```

```
    if(dis.getWidth() > dis.getHeight())
    {
        Fragment1 f1 = new Fragment1();
        getFragmentManager().beginTransaction().replace(R.id.content,f1).commit();
    }

    else
    {
        Fragment2 f2 = new Fragment2();
        getFragmentManager().beginTransaction().replace(R.id.content,f2).commit();
    }
}
```

布局文件代码如下。

```
<?xml version="1.0" encoding="utf-8"?>
<LinearLayout xmlns:android="http://schemas.android.com/apk/res/android"
    android:orientation="vertical" android:layout_width="match_parent"
    android:layout_height="match_parent"
    android:id="@+id/content">
</LinearLayout>
```

竖屏效果如图 4-5-3（a）所示，横屏效果如图 4-5-3（b）所示。

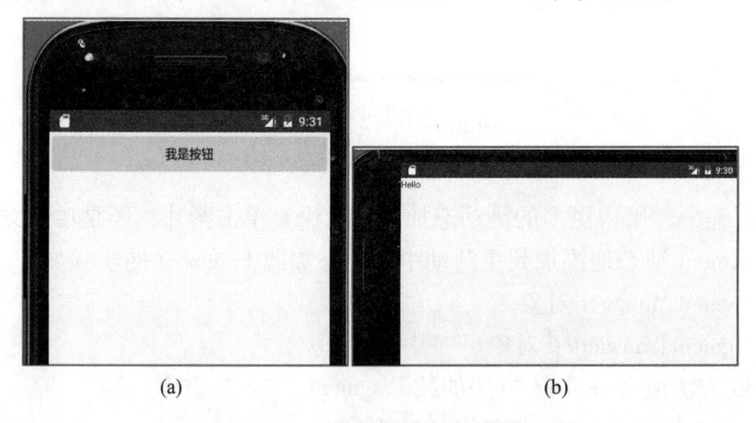

图 4-5-3 横屏和竖屏的效果图

任务 4-6 新建一个带侧滑导航的 APP

1. 相关知识

NavigationDrawer 是 Google 在 Material Design 中推出的一种侧滑导航栏设计风格。Google

为了支持这样的导航效果，推出了一个新控件：DrawerLayout。

一般情况下，在 DrawerLayout 布局下只会存在两个子布局：一个内容布局和一个侧滑菜单布局。这两个布局的关键在于 android：layout_gravity 属性的设置。如果要把其中一个子布局设置成为左侧滑菜单，则只需要设置 android:layout_gravity = "start" 即可（也可以是 left，如需改为右侧滑，则设置为 end 或 right），而没有设置的布局则自然成为内容布局。

下面的代码为 activity_main. xml 中的内容，第一部分为内容布局，第二部分为侧滑菜单布局。

```
<!--主内容区域-->
    <include
        layout="@layout/app_bar_main"
        android:layout_width="match_parent"
        android:layout_height="match_parent"/>
<!--导航-->
    <android.support.design.widget.NavigationView
        android:id="@+id/nav_view"
        android:layout_width="wrap_content"
        android:layout_height="match_parent"
        android:layout_gravity="start"
        android:fitsSystemWindows="true"
        app:headerLayout="@layout/nav_header_main"
        app:menu="@menu/activity_main_drawer"
        />
```

请注意其中的 NavigationView 的两个自定义属性。

- **app：headerLayout** 接收一个 layout，作为导航菜单顶部的 Header，为可选项。
- **app：menu** 接收一个 menu，作为导航菜单的菜单项，是必选项，不然这个控件就失去意义了。但也可以在运行时动态改变 menu 属性。

用于 NavigationView 的典型 menu 文件，应该是一个可选中菜单项的集合。其中，checked="true" 的 item 将会高亮显示，这可以确保用户知道当前选中的菜单项是哪个。

图 4-6-1 所示为创建的工程布局和菜单文件列表资源图。

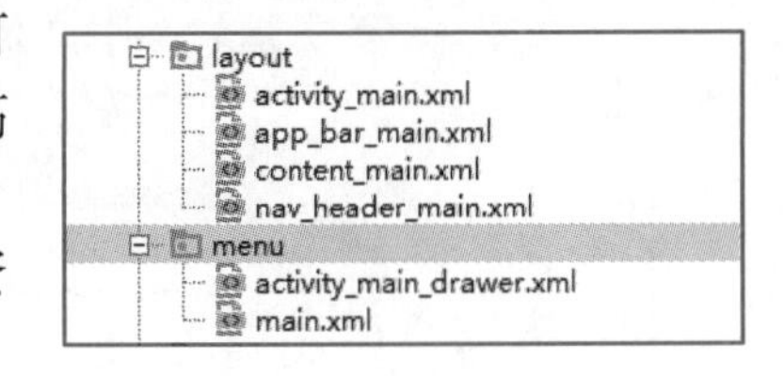

图 4-6-1　工程布局和菜单文件列表资源图

2. 实现步骤

① 在 IDE 中选择 File→New Project 菜单命令，进入 New Project 向导。

② 在 New Project 界面的 Application name 文本框中输入工程名称“swiftstorage”，在 Company Domain 文本框输入包名“cloud. openstack. xiandian. com”，接着在 Project location 组合框选择合适的路径，然后单击 Next 按钮，进入 Target Android Devices 界面，New Project 界

面如图 4-6-2 所示。

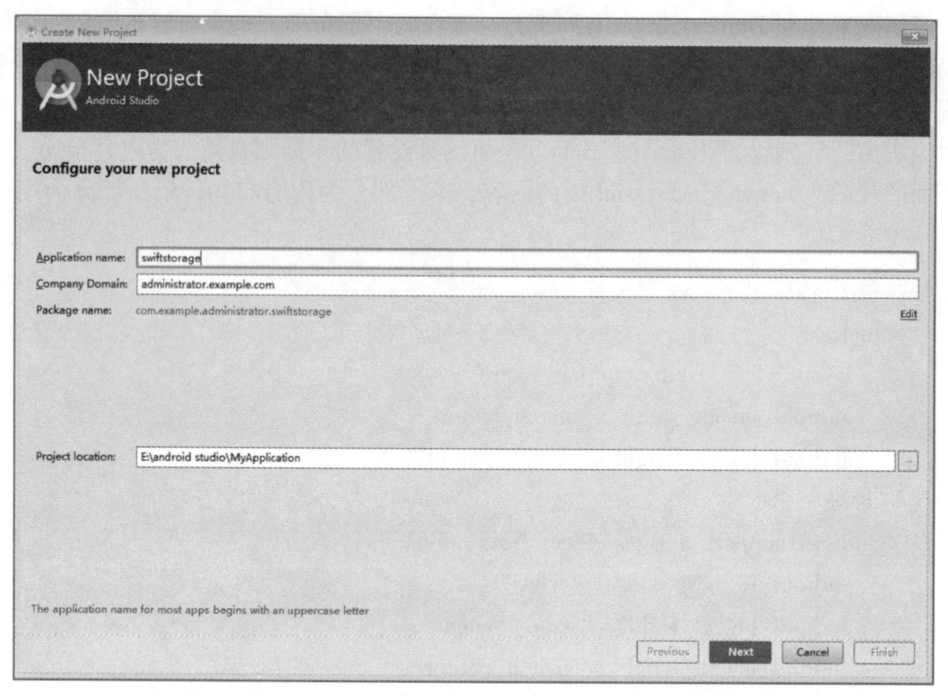

图 4-6-2 New Project 界面

③ 在 Target Android Devices 界面选择 Phone and Tablet 复选框，选择合适的 Minimum SDK，然后单击 Next 按钮，如图 4-6-3 所示。此时进入 Add an Activity to Mobile 界面。

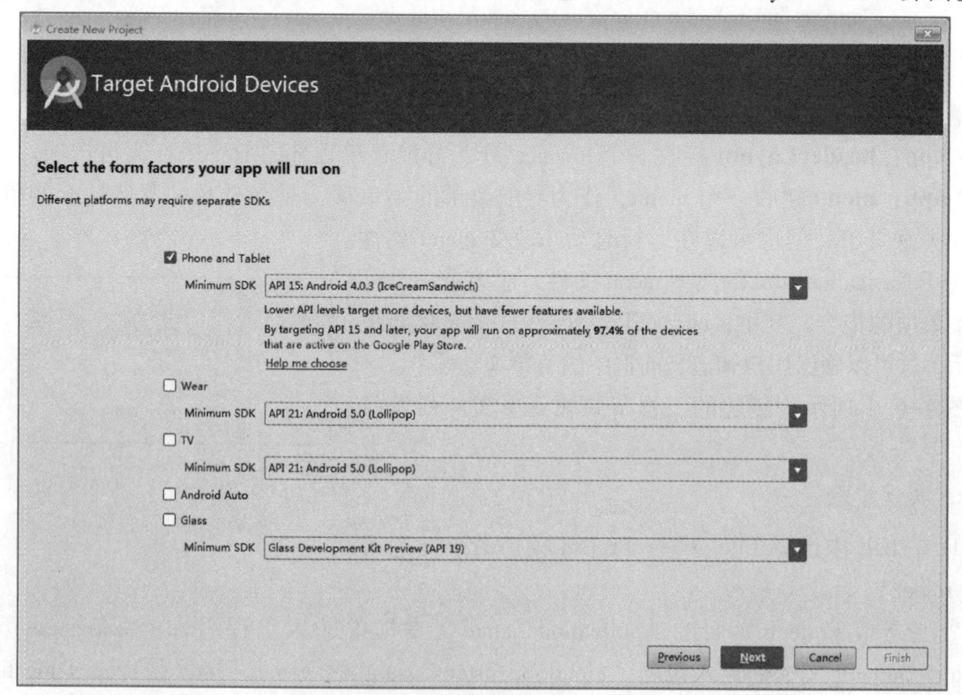

图 4-6-3 Target Android Devices 界面

④ 在 Add An Activity to Mobile 界面（如图 4-6-4 所示）选择 Navigation Drawer Activity，然后单击 Next 按钮，进入 Customize the Activity 界面。

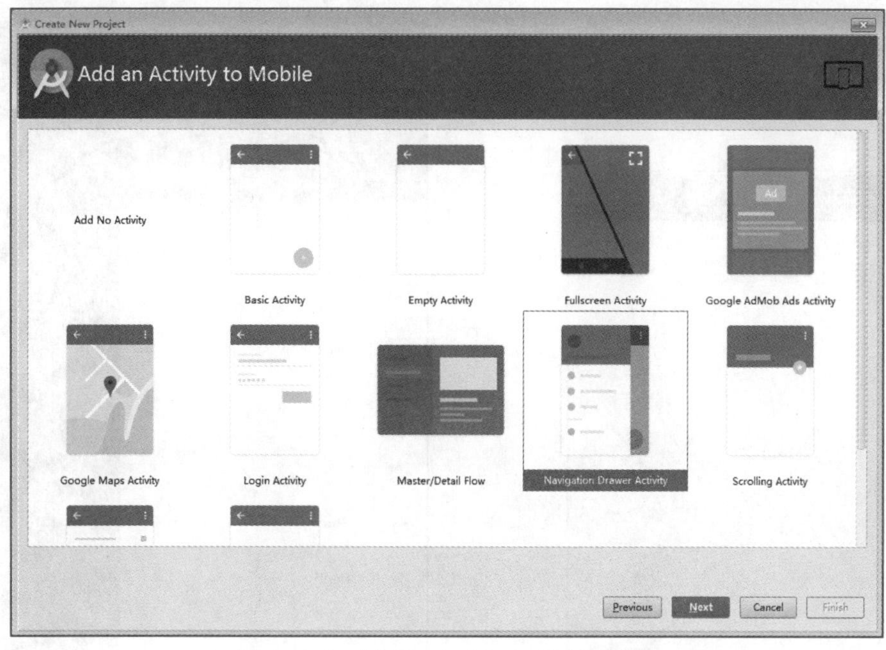

图 4-6-4　Add An Activity to Mobile 界面

⑤ 在 Customize the Activity（自定义活动）界面的 Activity Name 文本框中输入 Activity 的名称“MainActivity”，在 Layout Name 文本框中输入所用 Layout 的名称“activity_main”，在 Title 文本框中输入“swiftstorage”，完成向导，如图 4-6-5 所示。

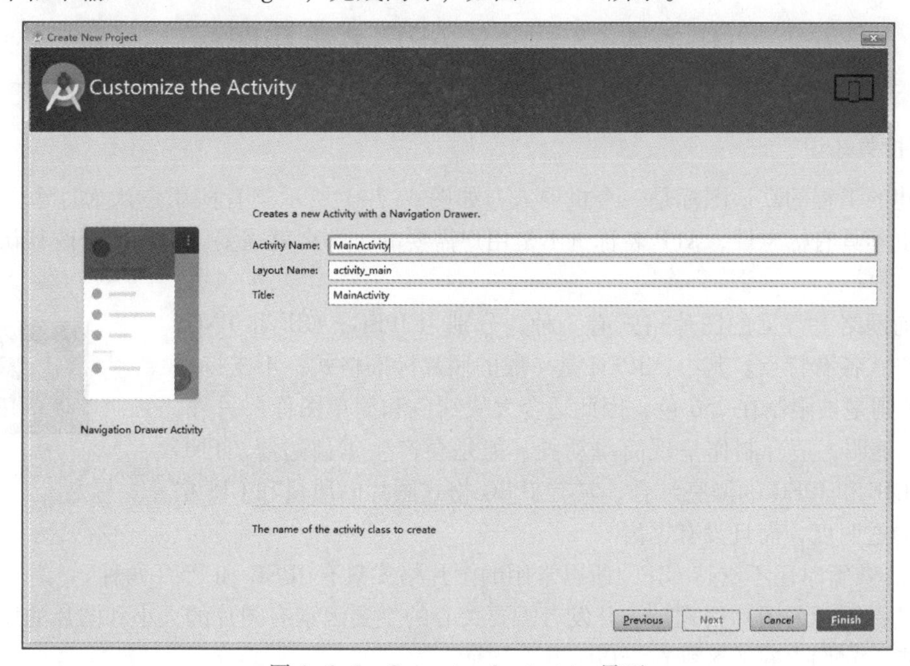

图 4-6-5　Customize the Activity 界面

⑥ 运行创建的工程，初始界面效果如图 4-6-6 所示。单击左上角的☰按钮，弹出侧滑菜单，效果如图 4-6-7 所示。

图 4-6-6　运行工程初始界面

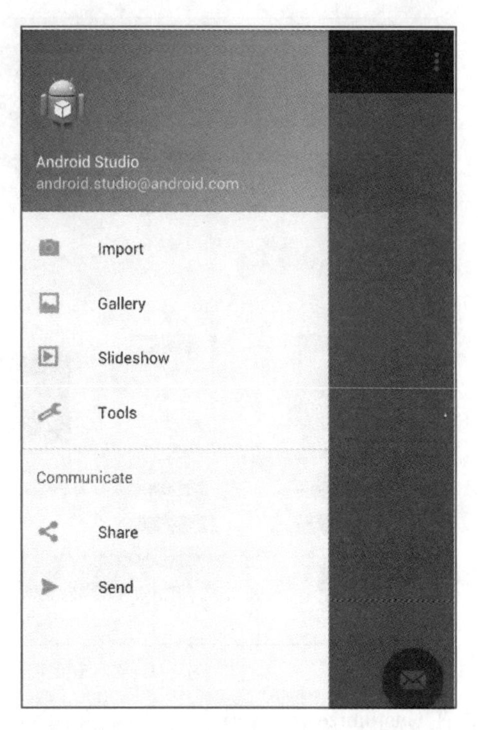

图 4-6-7　侧滑菜单效果

任务 4-7　定义 APP 名称和图标

1. 相关知识

创建的工程的默认图标是一个机器人，如图 4-7-1 所示。有些用户认为这个图标不够美观，也不具有标志性，APP 名称也不是用户需要的，那么就需要了解如何修改默认的图标和名称。

目前网络上常见的图片格式有 3 种，分别为 JPEG、GIF 和 PNG。这 3 种格式各有特点。其中，JPEG 是一般的照片标准格式，不支持透明。GIF 则是被限制在 256 色，因此适合大块纯色和简单图像。另外，GIF 支持透明，适合制作呈现简单动画，但是会产生锯齿边缘。PNG 格式是 GIF 和 JPEG 的漂亮结合，具有 JPEG 格式图片的质量和 GIF 格式图片的透明度，而且没有锯齿。

图 4-7-1　默认图标

Android 暂时还不支持 GIF，所以常用的图片格式只有 JPEG 和 PNG 两种。

在选择图标的图片格式时，开发者需要关心的主要因素有图片的大小和图片的质量。关于这两点，它们之间的区别在于以下几个方面。

① JPEG 适用于摄影图片，以及色彩丰富的图片。它采用压缩算法，会对图片上每 8 px × 8 px的像素进行处理，通过强制渐变的方法来减小文件尺寸，因此无论选择的存储质量多高，还是会多多少少失真一些。但对于摄影之类的图片来说，JPEG 格式就会比 PNG 小很多了。

② PNG 可以存储透明，超越 GIF 的地方在于失真小，没锯齿。劣势是不支持动画。

③ PNG 采用无损压缩，多数情况下都可以保留图片里的所有像素。PNG 无损压缩算法，简单地说，就是把图片里出现的每一个颜色都记录下来。通过记录这些颜色相对应的值来记录一张图片。

④ PNG 分为两种，一种是 INDEX，一种是 RGB。INDEX 记录同一种颜色的值和出现的位置。简单地说，例如一个 2 px ×2 px 的超级小图，从左往右、从上往下依次对应的颜色是“红、白、白、红”，那么记录的方法就是“红 -1，4；白 -2，3”。而 RGB 图则把所有像素的颜色依次记录下来，即“红、白、白、红”。对于相同的图片，INDEX 格式的尺寸总是小于 RGB。

如果图片尺寸太大，颜色层次过于丰富，则 PNG 格式可能会失真。因为无论 PNG 8 还是 PNG 24，存储的索引色的数量都是有限的（PNG 8 最多存储 256 个索引色，PNG 24 可以存储 1 600 多万个，但相应的尺寸也会更大）。这时候，用 JPEG 反而会好一些。如果是小图标，那么 PNG 是恰当的。因此，在选择图标时，可以优先选择 PNG 格式。

2. 实现步骤

（1）修改 APP 的名称

前面创建的 APP 默认使用了创建工程时使用的名称 swiftstorage，用户可以在对应的资源文件中修改为自定义的名称，如 Swift 云存储。

在资源目录里找到 strings. xml，双击打开，找到 app_name 配置项，修改为 Swift 云存储，代码如下。

```
<resources>
    <string name="app_name">Swift 云存储</string>
    <string name="app_swift_app_info">OpenStack Swift Android Client</string>
    <string name="navigation_drawer_open">Open navigation drawer</string>
    <string name="navigation_drawer_close">Close navigation drawer</string>
</resources>
```

（2）更改 APP 图标

改完程序名称后，下一步读者要修改程序的默认图标。选中 Res 文件夹后右击，在弹出的快捷菜单中选择 New→Image Asset 命令，然后选择图标资源类型，Android Studio 会自动生成匹配多种分辨率的资源。修改清单文件 AndroidManifest. xml，确认 android：icon 属性值为刚才添加的图片。

```
android:allowBackup="true"
        android:icon="@mipmap/ic_launcher"
        android:label="@string/app_name"
        android:supportsRtl="true"
        android:theme="@style/AppTheme"
```

（3）运行并测试

将电子资源中的项目 project42 导入到 IDE 中，运行及测试效果如图 4-7-2 所示。此时可以看出图标已经被修改。

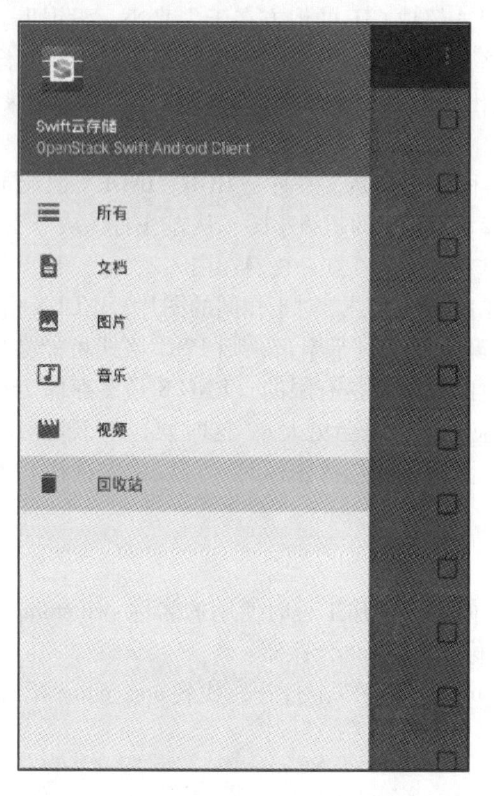

图 4-7-2　更换图标和名称后的测试效果

任务 4-8　实现 Navigation Drawer 导航

在**任务 4-7** 中，用户可以看到 IDE 为用户自动生成了导航，但这些导航信息不够美观，而且也不符合用户对 APP 的要求。因此，必须自定义这些导航信息。

1. 相关知识

Drawer 作为新一代 Android Design 的代表之一，具有非常高的泛用性。很多旧的导航方式都可以无违和地被 Drawer 替代。

在 Drawer 之前，开发者们大多使用的是下面几种导航方式：腹肌式（Six - pack）、下拉栏式（Spinner）和 Fixed Tabs 式，如图 4-8-1 所示。

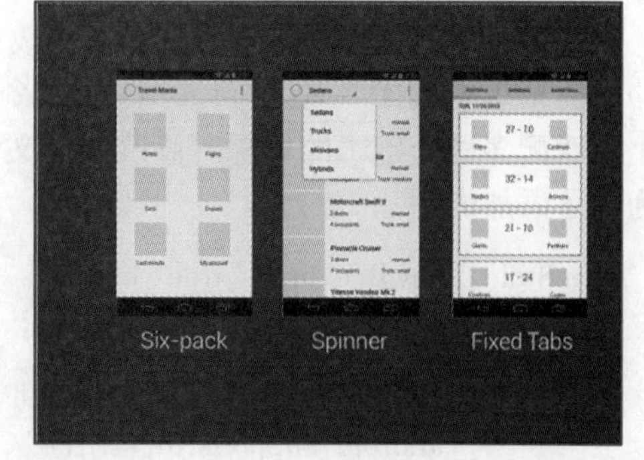

图 4-8-1　导航方式

这 3 种交互方式也算是各有各的好处。对于腹肌式的导航而言，直观地排列展示所有的分类。下拉栏式的好处在于直接展示内容，同时占用的空间小，可以把 Action Bar 的空间留给 Action Overflow 和其他常用操作。而 Fixed Tabs 的优点则是在直接展示内容的同时可以快速地切换分类。

不同的导航方式则提供了在顶级视图间切换的不同途径。但是在能够切换顶级视图的情况下，要在非顶级视图间导航就略显麻烦了——用户必须退回顶级视图，在顶级视图切换分类之后再进入别的内容，如图 4-8-2 所示。这个时候就显示出 Drawer 的优势了。

Drawer 的好处就是能够提供在非顶级视图间导航的能力。假设一个应用最常被用到的界面是顶级视图的 1、2、3、4 和非顶级视图的 3.3、4.2，如果使用其他的导航方式，那么从 3.3 到 4.2 就会是一个“万分痛苦”的过程，如图 4-8-3 所示。

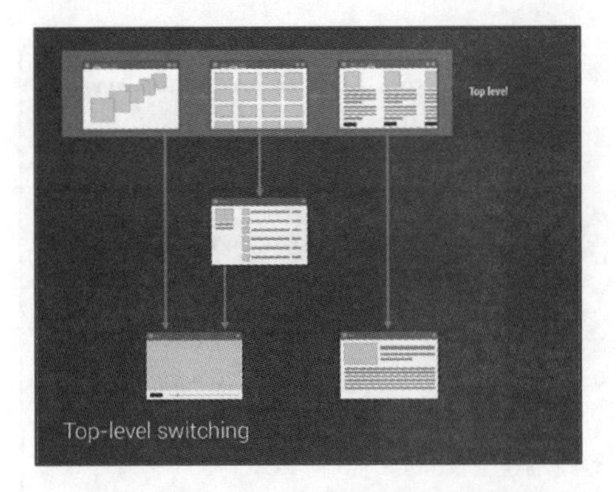

图 4-8-2　传统的导航模式（顶级视图切换分类）

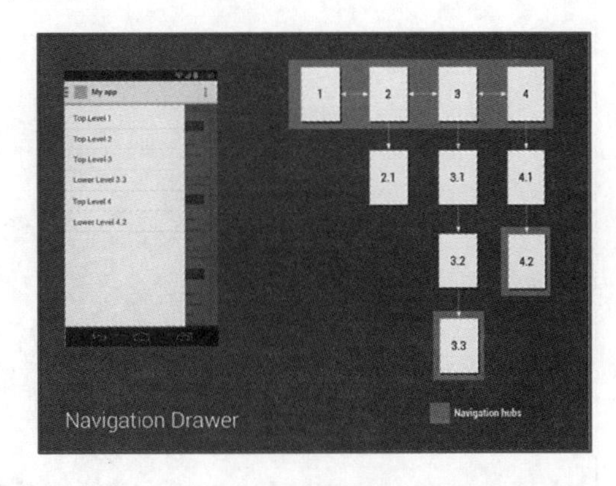

图 4-8-3　Drawer 导航模式（非顶级视图间导航）

而如果引入了 Drawer 这种导航方式，想要从 3.3 到 4.2，就只需要把 Drawer 拉出，单击 4.2 即可完成。

那具体什么情况下使用 Drawer 呢？这里总结一下：当用户有 3 个以上的顶级视图时，就有较深的导航层级时。需要在这些层级中添加导航中枢，（或用到十字导航即更好的内容结构），这时就应该考虑使用 Drawer 了。

Navigation Drawer 从屏幕的左侧滑出，是显示应用导航的视图。Navigation Drawer 是 Android 团队在 2013 Google I/O 大会期间更新的 Support 库（V13）中新加入的重要功能。

2. 实现步骤

（1）找到导航菜单文件定义的位置

导航菜单信息存放在资源文件 menu 下的 activity_main_drawer.xml 文件中，因此读者需要编辑这个文件以生成读者需要的数据。下面的代码即是其中某个菜单项的值。

```
<item
    android:id="@+id/nav_camera"
    android:icon="@drawable/ic_menu_camera"
    android:title="Import"/>
```

从代码中，读者可以发现菜单项主要设定了 3 个信息，其中，android:id 是菜单项的名称，android:icon 是菜单项的图标，android:title 是菜单项的文本。

(2) 设定菜单项的图标

这里可以用任务 4-7 中增加 Logo 的方法来设定菜单项的图标，但需要对不同的分辨率做适配，每个图标都需要至少做 5 个分辨率适配，非常麻烦。

Android Studio 提供了一个向导来生成矢量图标。在 drawable 目录右击后，在弹出的快捷菜单中选择 New→Vector Asset 命令，出现如图 4-8-4 所示的矢量图生成对话框。

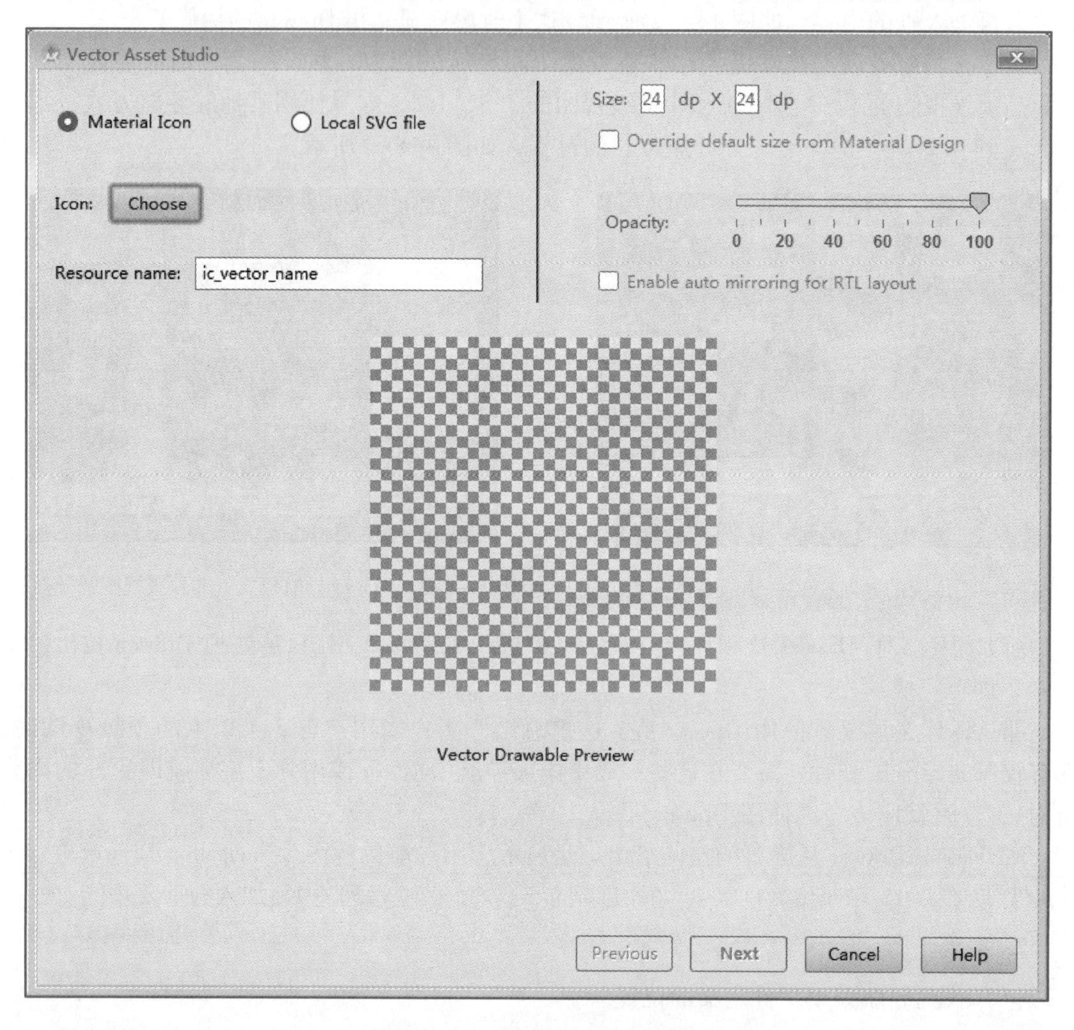

图 4-8-4 矢量图生成对话框

单击 Choose 按钮，出现 Select Icon 向导，在左边列表框中找到 Device，在右边找到图标，随后单击 OK 按钮，其他选项保持默认，完成图标的添加。添加成功后，可以看到资源中多了 ic_storage_black_24dp. xml 文件，如图 4-8-5 所示。

在该文件上右击，在弹出的快捷菜单中选择 Refactor→Rename 命令，将其重新命名为 ic_menu_swiftstorage. xml。

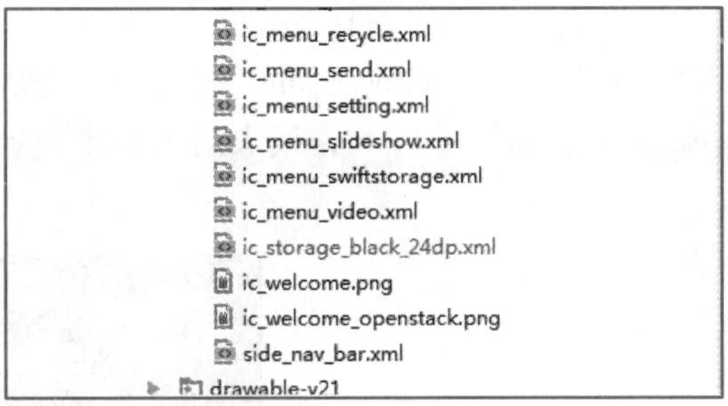

ic_menu_recycle.xml
ic_menu_send.xml
ic_menu_setting.xml
ic_menu_slideshow.xml
ic_menu_swiftstorage.xml
ic_menu_video.xml
ic_storage_black_24dp.xml
ic_welcome.png
ic_welcome_openstack.png
side_nav_bar.xml
drawable-v21

图 4-8-5　资源列表中生成矢量图文件

打开 menu 下的 activity_main_drawer. xml 文件，只保留一个菜单项，编辑文件，代码如下。

```
<group android:checkableBehavior="single">
    <item
        android:id="@+id/nav_swiftdisk"
        android:icon="@drawable/ic_menu_swiftstorage"
        android:title="@string/menu_swiftdisk"/>
</group>
```

打开 MainActivity. java 文件，编辑菜单响应事件，将不存在的菜单都去掉，代码如下。

```
@SuppressWarnings("StatementWithEmptyBody")
@Override
public boolean onNavigationItemSelected(MenuItem item) {//导航选择操作
    // Handle navigation view item clicks here.
    int id = item.getItemId();
    if (id == R.id.nav_swiftdisk) {

    }
    else {

    }
    DrawerLayout drawer = (DrawerLayout) findViewById(R.id.drawer_layout);
    drawer.closeDrawer(GravityCompat.START);
    return true;
}
```

运行程序，可以看到读者的菜单项已生效，如图 4-8-6 所示。

通过同样的方法，读者可完成所有的菜单项的设置，运行效果如图 4-8-7 所示。

（3）文字的添加

将文字内容直接写进菜单，不利于以后国际化。更好的做法是将文字写进资源文件，然后在需要的时候引用。打开资源文件 String. xml，添加“ <string name = " menu_swiftdisk" > 所有 </string >”，然后更改 activity_main_drawer. xml 文件，将“所有”菜单项的 title 属性改为 android:title = " @ string/menu_swiftdisk"/ >，代表这个文本内容引用 String 资源中名称为 menu_swiftdisk 的资源。

图 4-8-6 菜单项显示效果

图 4-8-7 所有菜单项运行效果

其他文字内容相应地添加到 String 资源中。

(4) 导航条的制作

导航条由一张图片和两段文字构成，修改 nav_header_main. xml 文件的内容，完成制作。

(5) Fragment 的制作

Android 运行在各种各样的设备中，有小屏幕的手机、超大屏的平板甚至电视。针对屏幕尺寸的差异，很多情况下，都是先针对手机开发一套 APP，然后复制一份，修改布局以适应超级大屏。难道无法做出一个 APP 可以同时适应手机和平板吗？当然有，那就是 Fragment。Fragment 出现的初衷就是为了解决这样的问题。

用户可以把 Fragment 当成 Activity 界面的一部分。Activity 的界面可由完全不同的 Fragment 组成。另外，Fragment 有自己的声明周期和接收、处理用户的事件，这样就没必要在一个 Activity 里面写一堆事件、控件的代码了。更为重要的是，可以动态地添加、替换、移除某个 Fragment。

使用 Fragment 最简单的一种方式，是把 Fragment 当成普通的控件，直接写在 Activity 的布局文件中，用布局文件调用 Fragment。

下面以创建图片的 Fragment 来举例说明 Fragment 的用法。

首先，创建一个 ImgFragment 的类。

```
public class ImgFragment extends Fragment implements SwipeRefreshLayout.
OnRefreshListener, SFileListViewAdapter. ItemClickCallable, SFileEditable, View. OnClickListener {
}
```

其次，继承 Fragment，重写 onCreateView 决定 Fragment 布局。

```
@Override
public View onCreateView(LayoutInflater inflater,ViewGroup container,
                        Bundle savedInstanceState) {
    // TODO Auto-generated method stub
    View view = inflater.inflate(R.layout.img_video,null);
    resources = getResources();
    InitTextView(view);
    InitViewPager(view);
    tvTabHot.setTextColor(resources.getColor(R.color.noselected));
    return view;
}
```

最后，在 Activity 中声明此 Fragment，就当和普通的 View 一样。

```
else if (id == R.id.nav_pic) {
    //调用图片的 CategoryFragment 并传入参数 MIME_IMAGE
    if (picCategoryFragment == null) {
        picCategoryFragment = new ImgFragment();
        Bundle bundle = new Bundle();
        bundle.putStringArray(Constants.CATEGORY_TYPE,Constants.MIME_IMAGE);
        picCategoryFragment.setArguments(bundle);
    }
    fragmentManager.beginTransaction().replace(R.id.container,picCategoryFragment).
commit();
    currentFragment = picCategoryFragment;
    //改变工具栏
    setToolbarTitles(getString(R.string.menu_pic),"");
}
```

（6）运行及测试

将电子资源中的项目 project43 导入到 IDE 中，运行及测试效果。

任务 4-9　实现 Toolbar 工具条

1. 相关知识

Toolbar 是在 Android 5.0 开始推出的一个 Material Design 风格的导航控件，Google 推荐大家使用 Toolbar 来作为 Android 客户端的导航栏，以此来取代之前的 Actionbar。与 Actionbar 相比，Toolbar 明显要灵活得多。它不像 Actionbar 一定要固定在 Activity 的顶部，而是可以放到界面的任意位置。

Toolbar 是从 Android 5.0 才开始加上的，Google 为了将这一设计向下兼容，自然也少不了推出兼容版的 Toolbar。为此，开发者需要在工程中引入 appcompat - v7 的兼容包，使用 android.support.v7.widget.Toolbar 进行开发。

2. 实现步骤

（1）修改主菜单 main.xml

编辑 menu 中的 main.xml 文件，输入如下代码。其中，每个菜单项的属性含义与任务 4-8 中讲解的菜单类似。

```
<item android:id="@+id/action_search"
    android:title="@string/action_search"
    android:icon="@drawable/ic_action_search"
    android:visible="true"
    app:showAsAction="collapseActionView|always"
    app:actionViewClass="android.support.v7.widget.SearchView"
    android:layout_width="wrap_content"/>
<item android:id="@+id/action_sort"
    android:title="@string/action_sort"
    android:visible="true"
    app:showAsAction="never"
    android:icon="@drawable/ic_action_sort"
    android:layout_width="wrap_content"/>
<item android:id="@+id/action_share"
    android:title="@string/action_share"
    android:icon="@drawable/ic_action_share"
    android:visible="true"
    app:showAsAction="collapseActionView|always"
    android:layout_width="wrap_content"/>

<item
    android:id="@+id/action_select_all"
    android:icon="@drawable/ic_action_select_all"
    android:title="@string/action_select_all"
    android:visible="true"
    app:showAsAction="never"/>
```

同时，添加相应的 String 资源的代码如下。

```
<string name="action_share">分享</string>
<string name="action_search">搜索</string>
```

```
<string name="action_select_all">全选</string>
<string name="action_sort">排序</string>
```

运行程序，Toolbar 效果和单击效果如图 4-9-1 和图 4-9-2 所示。此时，搜索功能和主菜单已经可以使用。

图 4-9-1　Toolbar 效果

图 4-9-2　单击效果

在上面的代码中，值得注意的是以下属性。将 app:showAsAction 的属性设置为 always，表示无论是否溢出，该项总会显示；设置为 collapseActionView，表明这个操作视窗应该被折叠到一个按钮中。当用户单击这个按钮时，这个操作视窗展开，否则，这个操作视窗在默认的情况下是不可见的。设置为 never，表示该项永远不会显示。而将 app:actionViewClass 属性设置为 android. support. v7. widget. SearchView，表示将出现一个搜索框。

（2）运行及测试

将电子资源中的项目 project44 导入到 IDE 中，运行及测试效果。

任务 4－10　实现文件列表

1. 相关知识

ListView 组件在应用程序中可以说是不可或缺的一部分。ListView 主要是显示列表数据，同时可以滚动查看。一个 ListView 通常有两个职责：将数据填充到布局和处理用户的选择及单击等操作。

一个 ListView 的创建需要以下 3 个元素。

① ListView 中的每一列的 View。

② 添加 View 的数据或者图片等。

③ 连接数据与 ListView 的适配器。

也就是说，要使用 ListView，首先要了解什么是适配器。适配器是一个连接数据和 AdapterView 的桥梁，通过它能有效地实现数据与 AdapterView 的分离设置，使 AdapterView 与数据的绑定更加简便，修改更加方便。

那为什么要用数据适配器呢？就需要了解下这个 MVC 模式的概念。举个例子，大型的商业程序通常由多人一同开发完成，例如有人负责操作接口的规划与设计，有人负责程序代码的编写。如果能够做到程序项目的分工，那么就必须在程序的结构上做适合的安排。如果接口设计与修改都涉及程序代码的改变，那么两者的分工就会造成执行上的困难。良好的程序架构师将整个程序项目划分为如图 4-10-1 所示的 3 个部分（MVC 结构）。

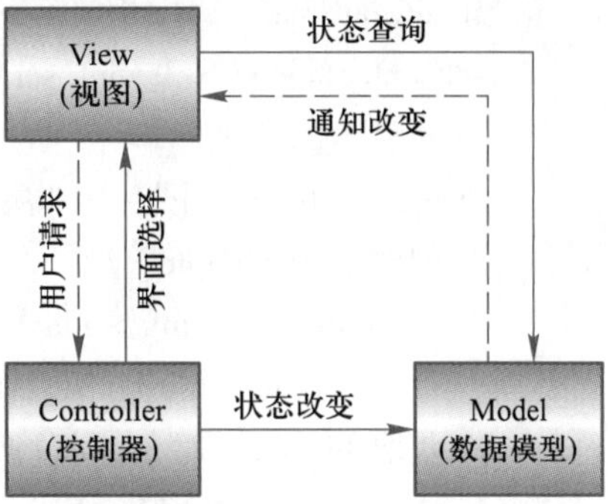

图 4-10-1　MVC 结构

① **Model**：通常可以理解为数据，负责执行程序的核心运算与判断逻辑，通过 View 获得用户输入的数据，然后根据从数据库查询的相关信息进行运算和判断，最后将得到的结果交给 View 来显示。

② **View**：用户的操作接口，说白了就是 GUI 应该使用哪种接口组件，组件间的排列位置与顺序都需要设计。

③ **Controller**：控制器作为 Model 与 View 之间的枢纽，负责控制程序的执行流程及对象之间的一个互动。

而这个 Adapter 则是中间的这个 Controller 的部分：Model（数据）→Controller（以什么方式显示到）→View（用户界面），这就是对简单 MVC 组件的简单理解。

常用的 Adapter 有以下几个。

① **BaseAdapter**：抽象类，实际开发中，开发者会继承这个类并且重写相关方法，是用得最多的一个 Adapter。

② **ArrayAdapter**：支持泛型操作，是最简单的一个 Adapter，只能展现一行文字。

③ **SimpleAdapter**：同样具有良好扩展性的一个 Adapter，可以自定义多种效果。

首先，先实现一个简单的数组适配器。

简单的数组适配器举例如下。

```
<LinearLayout xmlns:android="http://schemas.android.com/apk/res/android"
    android:orientation="vertical" android:layout_width="match_parent"
    android:layout_height="match_parent">
    <ListView
        android:layout_width="match_parent"
        android:layout_height="wrap_content"
        android:id="@+id/lv"
        >
    </ListView>
</LinearLayout>

protected void onCreate(Bundle savedInstanceState) {
    super.onCreate(savedInstanceState);
    setContentView(R.layout.senventh_layout);
    //要显示的数据
    String[] strs = {"图片","视频","文档"};
    //创建 ArrayAdapter
    ArrayAdapter<String> adapter = new ArrayAdapter<String>
            (this,android.R.layout.simple_expandable_list_item_1,strs);
    //获取 ListView 对象,通过调用 setAdapter 方法为 ListView 设置 Adapter
    ListView list_test = (ListView) findViewById(R.id.lv);
```

```
        list_test.setAdapter(adapter);

        list_test.setOnItemClickListener(new AdapterView.OnItemClickListener() {
            @Override
            public void onItemClick(AdapterView<?> parent,View view,int position,long id) {
                String result = parent.getItemAtPosition(position).toString();
                //获取选择项的值
                Toast.makeText(getApplicationContext(),"单击了" + result,Toast.LENGTH
_SHORT).show();                    //输出选中项消息
            }
        });
    }
```

数组适配器只能展示简单的文本，对于图文混排的内容，开发者就得实现自定义的适配器。

自定义数据适配器主要继承 BaseAdapter，然后实现以下几个重载方法。

① **public int getCount ( )**。

获取要填充到 ListView 中的数据总数。

② **public Object getItem (int index)**。

获取指定索引的条目。

③ **public long getItemId (int position)**。

返回当前条目的索引。

④ **public View getView (final int position, View convertView, ViewGroup parent)**。

这里来简单模拟文件浏览的效果，要求显示所有的文件信息，文件夹显示在前，文件显示在后，每一行信息都由一个图标和对应的名称组成，如图 4-10-2 所示。

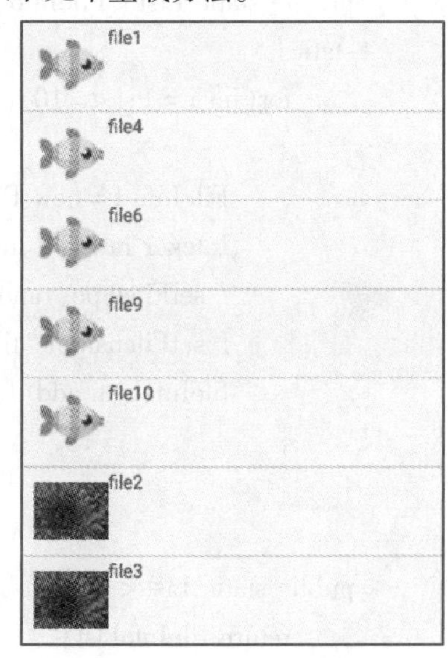

图 4-10-2　文件信息列表

首先，模拟要填充的数据，这里用一个 List 来存储数据。对于实体数据，这里自定义一个 FileInfo 类，包含两个属性，分别是文件类型（类型为目录或者文件）和文件名称。

```
public class FileInfo {
    public Integer getFiletype() {
        return filetype;
    }

    public void setFiletype(Integer filetype) {
```

```
        this. filetype = filetype;
    }
    public String getFilename( ) {
        return filename;
    }
    public void setFilename( String filename) {
        this. filename = filename;
    }
    private Integer filetype;
    private String filename;
}
```

其次，定义文件类的操作，随机生成 10 个文件或文件夹。

```
public class FileInfoDao {

    private static List < FileInfo > fileInfoList = new ArrayList < > ( );
    static{
        for( int i = 1;i <= 10;i ++ )
        {
            FileInfo f = new FileInfo( );
            Integer rand = ( int) ( Math. random( ) * 10);
            f. setFiletype( rand%2);
            f. setFilename( "file" + i);
            fileInfoList. add( f);
        }
    }

    public static List < FileInfo > getFileInfoList( ) {
        return fileInfoList;
    }

    public static void setFileInfoList( List < FileInfo > fileInfoList) {
        FileInfoDao. fileInfoList = fileInfoList;
    }
}
```

接着定义用户的业务方法，这里模拟了两个业务方法，分别是按先文件夹后文件的方式排序以及按原始顺序排序。

```
public class FileInfoService {

    public List<FileInfo> getAllBytype()
    {
        List<FileInfo> fileInfoList = FileInfoDao.getFileInfoList();
        List<FileInfo> F = new ArrayList<>();
        List<FileInfo> D = new ArrayList<>();

       for(FileInfo f:fileInfoList)
       {
           if(f.getFiletype() == 1)
                D.add(f);
           else
                F.add(f);
       }

        D.addAll(F);
        return D;
    }


    public List<FileInfo> getAll()
    {
        return FileInfoDao.getFileInfoList();
    }
}
```

然后定义用户自己的数据适配器，通过构造方法，将要填充的数据加载进来。应特别注意 getView 方法，先加载用户 ListView 要显示的布局文件，然后将数据绑定到对应的组件上。根据 filetype 的值，加载不同的图片。

```
class MyAdapater extends BaseAdapter{
    private List<FileInfo> mData;
    private Context mContext;
    public MyAdapater(List<FileInfo> mData,Context mContext) {
        this.mData = mData;
        this.mContext = mContext;
    }
```

```
    @ Override
    public int getCount( ) {
        return mData. size( ) ;
    }

    @ Override
    public Object getItem( int position) {
        return mData. get( position) ;
    }

    @ Override
    public long getItemId( int position) {
        return position;
    }

    @ Override
    public View getView( int position, View convertView, ViewGroup parent) {
        View view;
        if( convertView == null)
        {
            view = View. inflate( getApplicationContext( ) ,R. layout. item_list_layout,null) ;
        }
        else
        {
            view = convertView;
        }

        ImageView iv_filetype = ( ImageView) view. findViewById( R. id. image) ;
        TextView tv_filename = ( TextView) view. findViewById( R. id. tv) ;

        FileInfo f = mData. get( position) ;
        tv_filename. setText( f. getFilename( ) ) ;
        Integer filetype = f. getFiletype( ) ;

      if( filetype == 1 )
          iv_filetype. setImageResource( R. mipmap. ic_icon_fish) ;
      else
```

```
            iv_filetype.setImageResource(R.mipmap.pic1);
        return view;
    }
}
```

下面是 ListView 的布局文件，这里采用的是相对布局。

```
<RelativeLayout xmlns:android="http://schemas.android.com/apk/res/android"
    android:layout_width="match_parent"
    android:layout_height="match_parent">

    <ImageView
        android:id="@+id/image"
        android:layout_width="64dp"
        android:layout_height="64dp"
        android:layout_alignParentLeft="true"
        android:paddingLeft="8dp"
        android:src="@mipmap/ic_icon_fish"
        />
    <TextView
        android:layout_width="match_parent"
        android:layout_height="64dp"
        android:layout_toRightOf="@id/image"
        android:text="Hello"
        android:id="@+id/tv"
        />
</RelativeLayout>
```

最后是主活动和主活动的布局文件。主活动的布局文件中就放置了一个 ListView。

```
public class MainActivity5 extends Activity {

private ListView lv;
private List<FileInfo> mData = null;
private Context mContext;
private MyAdapater mAdapter = null;
private FileInfoService service = new FileInfoService();

@Override
protected void onCreate(Bundle savedInstanceState) {
```

```
        super. onCreate( savedInstanceState) ;
        setContentView( R. layout. senventh_layout) ;

        lv = ( ListView) findViewById( R. id. lv) ;
        mData = service. getAllBytype( ) ;
        mContext = getApplicationContext( ) ;
        mAdapter = new MyAdapater( mData , mContext) ;
        lv. setAdapter( mAdapter) ;
    }
}
```

2. 实现步骤

在这个项目中，读者可按以下步骤实现文件列表。

① 创建 SFileData 类。

该类用于封装读者的文件数据，主要有文件名、大小等属性。为了便于管理，将这个文件存放在 Model 包下。

② 定义数据适配器类 SFileListViewAdapter。

将数据填充到布局文件中，该方法获取布局文件，并将数据绑定到对应的控件上。

③ 定义 ListView 布局文件 main_list_item. xml。

按照要求设定好相应的布局文件，该布局文件将会被上面的 getView 方法加载。因此，数据会被填充到相应的布局上。图 4-10-3 所示为布局文件效果，图 4-10-4 所示为数据填充后的效果。

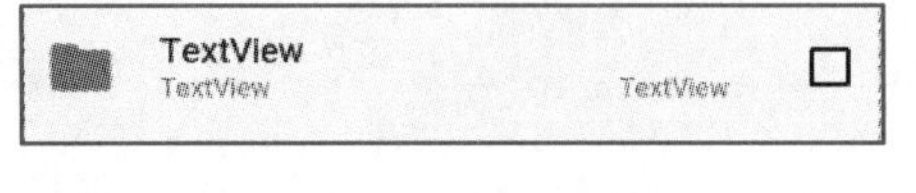

图 4-10-3　布局文件效果

图 4-10-4　数据填充后的效果

```
//根据布局创建 main_list_item. xml
if (convertView == null) {
    convertView = LayoutInflater. from( context). inflate( R. layout. main_list_item , null) ;
}

//图标
ImageView img = ( ImageView) convertView. findViewById( R. id. file_icon) ;
TextView fileName = ( TextView) convertView. findViewById( R. id. file_name) ;
TextView modTime = ( TextView) convertView. findViewById( R. id. file_lastModified) ;
TextView fileSize = ( TextView) convertView. findViewById( R. id. file_size) ;
CheckBox checkBox = ( CheckBox) convertView. findViewById( R. id. file_checked) ;
```

④ 运行及测试。

将电子资源中的项目 project45 导入到 IDE 中，运行及测试效果。

任务 4-11　实现网格布局

1. 相关知识

GridView 即显示网格。它和 ListView 一样是 AbsListView 的子类。GridView 的很多东西和 ListView 都是相通的，相关属性如下。

- **android：columnWidth**：设置列的宽度。
- **android：gravity**：组件对齐方式。
- **android：horizontalSpacing**：水平方向每个单元格的间距。
- **android：verticalSpacing**：垂直方向每个单元格的间距。
- **android：numColumns**：设置列数。
- **android：stretchMode**：设置拉伸模式。
- **spacingWidth**：拉伸元素间的间隔空隙。
- **columnWidth**：仅仅拉伸表格元素自身。
- **spacingWidthUniform**：既拉伸元素间距又拉伸它们之间的间隔空隙。

2. 实现步骤

主活动布局添加 GridView，代码如下。

```
<RelativeLayout xmlns:android="http://schemas.android.com/apk/res/android"
    xmlns:tools="http://schemas.android.com/tools"
    android:layout_width="match_parent"
    android:layout_height="match_parent"
    android:padding="5dp"
    tools:context=".MainActivity">

    <!-- numColumns 设置每行显示多少个 -->
    <GridView
        android:id="@+id/grid_photo"
        android:layout_width="match_parent"
        android:layout_height="match_parent"
        android:numColumns="3"/>
</RelativeLayout>
```

设置 GridView 中的内容，这里采用的布局是：放置一个图标，图标下放置说明文字。

```
<?xml version="1.0" encoding="utf-8"?>
<RelativeLayout xmlns:android="http://schemas.android.com/apk/res/android"
```

```
    android:layout_width = "match_parent"  android:layout_height = "match_parent" >
    < ImageView
        android:id = "@ + id/img_icon"
        android:layout_width = "64dp"
        android:layout_height = "64dp"
        android:layout_centerInParent = "true"
        android:src = "@ mipmap/ic_icon_fish"/ >

    < TextView
        android:id = "@ + id/txt_icon"
        android:layout_width = "wrap_content"
        android:layout_height = "wrap_content"
        android:layout_below = "@ id/img_icon"
        android:layout_centerHorizontal = "true"
        android:layout_marginTop = "30dp"
        android:text = "呵呵"
        android:textColor = "#00ff00"
        android:textSize = "18sp"/ >
</RelativeLayout >
```

使用和上一节类似的数据适配器，将图标文字内容和图片填充到 GridView 中，这次的数据采用直接添加到 List 的方式。

```
public class Icon {
    private Integer id;
    private String name;
    public Integer getId() {
        return id;
    }
    public void setId(Integer id) {
        this. id = id;
    }
    public String getName() {
        return name;
    }
    public void setName(String name) {
        this. name = name;
    }
```

```
    public Icon(Integer id,String name) {
        this.id = id;
        this.name = name;
    }
}

public class GridViewActivity extends Activity {
    private Context mContext;
    private GridView grid_photo;
    private BaseAdapter mAdapter = null;
    private ArrayList<Icon> mData = null;

    @Override
    protected void onCreate(Bundle savedInstanceState) {
        super.onCreate(savedInstanceState);
        setContentView(R.layout.gridview);
        mContext = GridViewActivity.this;
        grid_photo = (GridView) findViewById(R.id.grid_photo);
        mData = new ArrayList<Icon>();
        mData.add(new Icon(R.mipmap.iv_icon_1,"图标 1"));
        mData.add(new Icon(R.mipmap.iv_icon_2,"图标 2"));
        mData.add(new Icon(R.mipmap.iv_icon_3,"图标 3"));
        mData.add(new Icon(R.mipmap.iv_icon_4,"图标 4"));
        mData.add(new Icon(R.mipmap.iv_icon_5,"图标 5"));

        mAdapter = new MyAdapter(mData,R.layout.item_grid_layout);
        grid_photo.setAdapter(mAdapter);
        grid_photo.setOnItemClickListener(new AdapterView.OnItemClickListener() {
            @Override
            public void onItemClick(AdapterView<?> parent,View view,int position,long
id) {
                Toast.makeText(mContext,"你单击了~" + position + "~项",Toast.
LENGTH_SHORT).show();
            }
        });
    }
```

```
private class MyAdapter extends BaseAdapter {
    private List < Icon > mData;
    private int mLayoutRes;                          //布局 ID

    public MyAdapter( List < Icon > mData,int mLayoutRes) {
        this. mData = mData;
        this. mLayoutRes = mLayoutRes;
    }
    @ Override
    public int getCount( ) {
        return mData! = null? mData. size( ) :0;
    }

    @ Override
    public Icon getItem( int position) {
        return mData. get( position) ;
    }

    @ Override
    public long getItemId( int position) {
        return position;
    }

    @ Override
    public View getView( int position, View convertView, ViewGroup parent) {
        View view;
        if (convertView = = null) {
            view = View. inflate( getApplicationContext( ) ,mLayoutRes, null) ;
        } else {
            view = convertView;
        }
        ImageView img_icon = ( ImageView) view. findViewById( R. id. img_icon) ;
        TextView txt_icon = ( TextView) view. findViewById( R. id. txt_icon) ;
        Icon icon = getItem( position) ;
        img_icon. setImageResource( icon. getId( ) ) ;
        txt_icon. setText( icon. getName( ) ) ;
        return view;
```

```
            }
        }
}
```

GridView 效果如图 4-11-1 所示。

图 4-11-1　GridView 效果图

任务 4-12　实现弹出框、进度条

本任务将学习两个组件，一个是弹出框 AlertDialog，另一个是进度条。

1. 相关知识

（1）弹出框的使用

AlertDialog 的构造方法全部是 Protected 的，所以不能直接通过 new 关键字来创建一个 AlertDialog。

要创建一个 AlertDialog，就要用到 AlertDialog. Builder 中的 create( )方法。

使用 AlertDialog. Builder 创建对话框需要了解以下几个方法。

- **setTitle**：为对话框设置标题。
- **setIcon**：为对话框设置图标。
- **setMessage**：为对话框设置内容。
- **setView**：给对话框设置自定义样式。
- **setItems**：设置对话框要显示的一个 List，一般用于显示几个命令时。
- **setMultiChoiceItems**：用来设置对话框显示一系列的复选框。
- **setNeutralButton**：设置普通按钮。
- **setPositiveButton**：给对话框添加 Yes 按钮。
- **setNegativeButton**：对话框添加 No 按钮。
- **create**：创建对话框。
- **show**：显示对话框。

（2）弹出框基本使用流程

① 创建 AlertDialog. Builder 对象。

② 调用 setIcon( )方法设置图标，调用 setTitle( )方法或 setCustomTitle( )方法设置标题。

③ 设置对话框的内容：调用 setMessage( )方法或其他方法来指定显示的内容。

④ 调用 setPositive( )/Negative( )/NeutralButton( )方法设置“确定”“取消”“中立”按钮。

⑤ 调用 create( )方法创建这个对象，再调用 show( )方法将对话框显示出来。

下面这个例子演示了 4 种不同的弹出框，分别是普通文本、普通列表、单选按钮组和多选按钮组。在这个界面中使用了多个按钮，可以让读者的 Activity 实现 View. OnClickListener 接口。覆写 onClick 方法时，通过对 View 的 id 判断确定单击了哪个按钮。

```
public class MainActivity3 extends Activity implements View. OnClickListener{

    private Button btn_dialog_one;
    private Button btn_dialog_two;
    private Button btn_dialog_three;
    private Button btn_dialog_four;

    private Context mContext;
    private boolean[ ] checkItems;

    private AlertDialog alert = null;
    private AlertDialog. Builder builder = null;

    @ Override
    protected void onCreate(Bundle savedInstanceState) {
        super. onCreate(savedInstanceState);
        setContentView(R. layout. sixth_layout);
        mContext = MainActivity3. this;
        bindView( );

    }

    private void bindView( ) {
        btn_dialog_one = (Button) findViewById(R. id. btn_dialog_one);
        btn_dialog_two = (Button) findViewById(R. id. btn_dialog_two);
        btn_dialog_three = (Button) findViewById(R. id. btn_dialog_three);
        btn_dialog_four = (Button) findViewById(R. id. btn_dialog_four);
```

```
        btn_dialog_one. setOnClickListener( this) ;
        btn_dialog_two. setOnClickListener( this) ;
        btn_dialog_three. setOnClickListener( this) ;
        btn_dialog_four. setOnClickListener( this) ;
    }


    @ Override
    public void onClick( View v) {
        switch (v. getId( )) {
            //普通对话框
            case R. id. btn_dialog_one:
                alert = null;
                builder = new AlertDialog. Builder( mContext) ;
                alert = builder. setIcon( R. mipmap. ic_icon_fish)
                                .setTitle("系统提示:")
                                .setMessage("这是一个最普通的对话框,\n 带有 3 个按钮,
分别是取消、中立和确定")
                                .setNegativeButton( "取消", new DialogInterface. OnClickLis-
tener( ) {
                                    @ Override
                                    public void onClick( DialogInterface dialog, int which) {
                                        Toast. makeText( mContext, "你单击了取消按钮
~", Toast. LENGTH_SHORT). show( );
                                    }
                                })
                                .setPositiveButton( "确定", new DialogInterface. OnClickListen-
er( ) {
                                    @ Override
                                    public void onClick( DialogInterface dialog, int which) {
                                        Toast. makeText( mContext, "你单击了确定按钮
~", Toast. LENGTH_SHORT). show( );
                                    }
                                })
                                .setNeutralButton( "中立", new DialogInterface. OnClickListen-
er( ) {
                                    @ Override
```

```
                                    public void onClick(DialogInterface dialog,int which) {
                                         Toast. makeText(mContext,"你单击了中立按钮
~",Toast. LENGTH_SHORT). show();
                                    }
                                }). create();                    //创建 AlertDialog 对象
                        alert. show();                           //显示对话框
                        break;
                    //普通列表对话框
                    case R. id. btn_dialog_two:
                         final String[] lesson = new String[]{"JAVA","安卓","c++",
"Mysql","jsp","ios","python"};
                        alert = null;
                        builder = new AlertDialog. Builder(mContext);
                        alert = builder. setIcon(R. mipmap. ic_icon_fish)
                                . setTitle("选择你喜欢的课程")
                                . setItems(lesson,new DialogInterface. OnClickListener() {
                                    @ Override
                                    public void onClick(DialogInterface dialog,int which) {
                                        Toast. makeText(getApplicationContext(),"你选择
了" + lesson[which],Toast. LENGTH_SHORT). show();
                                    }
                                }). create();
                        alert. show();
                        break;
                    //单选列表对话框
                    case R. id. btn_dialog_three:
                         final String[] fruits = new String[]{"苹果","雪梨","香蕉","葡
萄","西瓜"};
                        alert = null;
                        builder = new AlertDialog. Builder(mContext);
                        alert = builder. setIcon(R. mipmap. ic_icon_fish)
                                . setTitle("选择你喜欢的水果,只能选一个哦~")
                                . setSingleChoiceItems(fruits,0,new DialogInterface. OnClickLis-
tener() {
                                    @ Override
                                    public void onClick(DialogInterface dialog,int which) {
```

```
                                Toast.makeText(getApplicationContext(),"你选择
了"+fruits[which],Toast.LENGTH_SHORT).show();
                            }
                        }).create();
                alert.show();
                break;
            //多选列表对话框
            case R.id.btn_dialog_four:
                final String[] menu = new String[]{"水煮肉片","夫妻肺片","辣子
鸡","酸菜鱼"};
                //定义一个用来记录各列表项状态的boolean数组
                checkItems = new boolean[]{false,false,false,false};
                alert = null;
                builder = new AlertDialog.Builder(mContext);
                alert = builder.setIcon(R.mipmap.ic_icon_fish)
                        .setMultiChoiceItems(menu, checkItems, new DialogInter-
face.OnMultiChoiceClickListener() {
                            @Override
                            public void onClick(DialogInterface dialog,int which,bool-
ean isChecked) {
                                checkItems[which] = isChecked;
                            }
                        })
                        .setPositiveButton("确定",new DialogInterface.OnClickListen-
er() {
                            @Override
                            public void onClick(DialogInterface dialog,int which) {
                                String result = "";
                                for (int i=0; i<checkItems.length; i++) {
                                    if (checkItems[i])
                                        result += menu[i] + "";
                                }
                                Toast.makeText(getApplicationContext(),"客官你
点了:"+result,Toast.LENGTH_SHORT).show();
                            }
                        })
                        .setCancelable(false)
```

```
                    .create();
                alert.show();
                break;
            }
        }
    }
```

(3) 进度条的使用

在登录的过程中，可能会进行一些比较耗时的操作，此时最好为用户呈现操作的进度，避免用户因不知道执行的情况而焦虑，这就用到了进度条。

XML 文件中有两个重要属性，其中，android:progressBarStyle 属性表示默认进度条样式，android:progressBarStyleHorizontal 属性表示水平样式。

另外，进度条还有以下几个比较重要的方法。

① getMax()方法返回这个进度条的范围的上限。

② getProgress()方法返回进度。

③ getSecondaryProgress()方法返回次要进度。

④ incrementProgressBy(int diff)方法指定增加的进度。

⑤ isIndeterminate()方法用来判断是否在不确定模式下。

⑥ setIndeterminate(boolean indeterminate)方法用来设置是否在不确定模式下。

⑦ setVisibility(int v)用来设置该进度条是否为可视。

另外，进度条还有一个重要事件，即 onSizeChanged (int w, int h, int oldw, int oldh)。当进度值改变时引发此事件。

下面这个例子演示了进度条的使用方法。

```
<LinearLayout xmlns:android="http://schemas.android.com/apk/res/android"
    android:orientation="vertical" android:layout_width="match_parent"
    android:layout_height="match_parent" >

    <ProgressBar
        style="@android:style/Widget.ProgressBar.Horizontal"
        android:layout_width="match_parent"
        android:layout_height="wrap_content"
        android:max="100"
        android:progress="0"
        android:id="@+id/pb"
        />
    <TextView
        android:layout_width="wrap_content"
        android:layout_height="wrap_content"
```

```
            android:id="@+id/tv"/>

        <Button
            android:layout_width="wrap_content"
            android:layout_height="wrap_content"
            android:layout_gravity="center"
            android:text="开始"
            android:onClick="btnPlay"
            />
</LinearLayout>
```

主程序如下。特别注意，当修改文本框中的值时，这里用了 runOnUiThread 方法。因为在子线程里，是不允许直接修改主线程里的 UI 的，而进度条是个例外。

```
private ProgressBar pb;
private TextView tv;
@Override
protected void onCreate(Bundle savedInstanceState) {
    super.onCreate(savedInstanceState);
    setContentView(R.layout.fifth_layout);
    pb = (ProgressBar) findViewById(R.id.pb);
    tv = (TextView)findViewById(R.id.tv);
    pb.setMax(100);
}

public void btnPlay(View v) {

    new Thread(new Runnable() {
        int start = 0;

        @Override
        public void run() {
            while (start < pb.getMax()) {
                start += 10;
                runOnUiThread(new Runnable() {
                    @Override
                    public void run() {
                        tv.setText(start + "/" + pb.getMax());
```

```
                        }
                    });

                    pb.setProgress(start);
                    try {
                        Thread.sleep(1000);
                    } catch (InterruptedException e) {
                        e.printStackTrace();
                    }
                }
            }
        }).start();
}
```

2. 实现步骤

① 在 MainFragment.java 文件中加入如下代码，该代码实现了重命名的弹出对话框的功能。

```
/**
 * 改名。
 * @param oldFilePath
 * @param newFilePath
 */
private AlertDialog renameDialog;
@Override
public void rename(String oldFilePath,String newFilePath) {
    //启动交互 Dialog
    AlertDialog.Builder builder = new AlertDialog.Builder(getActivity());
    LayoutInflater inflater = getActivity().getLayoutInflater();
    //默认设置当前选择目录/文件名称
    View view = inflater.inflatc(R.layout.input_text_edit_dialog,null);
    //增加监听,是否修改
    view.findViewById(R.id.btnEnter).setOnClickListener(new View.OnClickListener() {
        @Override
        public void onClick(View v) {
            EditText editText = (EditText) renameDialog.findViewById(R.id.edit_text);
            Toast.makeText(context,"您刚刚输入的是:" + editText.getText().toString(),
Toast.LENGTH_SHORT).show();
```

```
                //成功后关闭
                renameDialog.dismiss();
            }
        });
        //不修改
        view.findViewById(R.id.btnCancel).setOnClickListener(new View.OnClickListener() {
            @Override
            public void onClick(View v) {
                //取消关闭
                renameDialog.cancel();
            }
        });
        builder.setTitle(R.string.title_dialog_rename);
        builder.setView(view);
        renameDialog = builder.create();
        renameDialog.show();
    }
```

② 运行及测试。

将电子资源中的项目 project46 导入到 IDE 中，运行及测试效果。

任务 4－13　实现异步任务模拟文档下载

Android 为什么要引入异步任务？因为 Android 程序刚启动时会同时启动一个对应的主线程（Main Thread），这个主线程主要负责处理与 UI 相关的事件，有时也把它称作 UI 线程。而在 Android APP 中，开发者必须遵守这个单线程模型的规则：Android UI 操作并不是线程安全的，并且这些操作都需要在 UI 线程中执行。假如开发者在非 UI 线程中，比如在主线程中，new Thread()另外开辟一个线程，然后直接在里面修改 UI 控件的值，此时会抛出异常 android.view.ViewRoot$CalledFromWrongThreadException:Only the original thread that created a view hierarchy can touch its views 。另外，还有一点，如果开发者把耗时的操作都放在 UI 线程中，如果 UI 线程超过 5 s 没有响应，那么这个时候会引发 ANR（Application Not Responding）异常，就是应用无响应。最后还有一点就是，Android 4.0 后禁止在 UI 线程中执行网络操作，不然会报 android.os.NetworkOnMainThreadException 异常。

在实际应用中经常会遇到比较耗时的任务的处理，如网络连接、数据库操作等情况，如果这些操作都是放在主线程（UI 线程）中，则会造成 UI 的假死现象，这可以使用 AsyncTask 这种异步方式来解决这种问题。UI 线程和异步线程的关系如图 4-13-1 所示。

1. 相关知识

使用 AsyncTask 处理类需要继承 AsyncTask，提供 3 个泛型参数，并且重载 AsyncTask 的

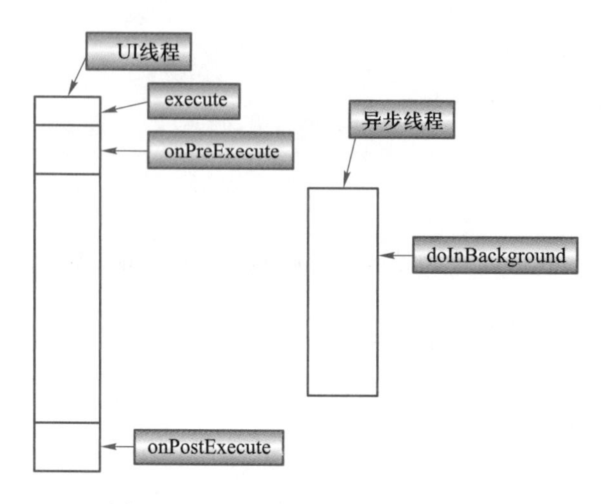

图 4-13-1 UI 线程和异步线程的关系

4 个方法（至少重载一个）。

3 个泛型参数如下。

① Param 任务执行器需要的数据类型。

② Progress 后台计算中使用的进度单位数据类型。

③ Result 后台计算返回结果的数据类型。

在设置参数时通常是这样的，即 String...params，这表示方法可以有 0 个或多个此类型参数；有时参数可以设置为不使用，用 Void...即可。

4 个方法如下。

① **onPreExecute()** 执行预处理，它运行于 UI 线程，可以为后台任务做一些准备工作，如绘制一个进度条控件。

② **doInBackground(Params...)** 后台进程执行的具体计算在这里实现，doInBackground(Params...)是 AsyncTask 的关键，此方法必须重载。在这个方法内可以使用 publishProgress(Progress...)来改变当前的进度值。

③ **onProgressUpdate(Progress...)** 运行于 UI 线程。如果在 doInBackground(Params...)中使用了 publishProgress(Progress...)就会触发这个方法。在这里可以对进度条控件根据进度值做出具体的响应。

④ **onPostExecute(Result)** 运行于 UI 线程，可以对后台任务的结果做出处理，结果就是 doInBackground(Params...)的返回值。此方法也要经常重载，如果 Result 为 null 表明后台任务没有完成（被取消或者出现异常）。

2. 实现步骤

这里采用异步任务来实现一个进度条的进度刷新。

① 布局文件，放置了一个按钮来用于任务的开始，一个文本框用于显示进度值。

```
<LinearLayout xmlns:android="http://schemas.android.com/apk/res/android"
android:orientation="vertical" android:layout_width="match_parent"
```

```
        android:layout_height = "match_parent" >
    < TextView
        android:id = "@ + id/txttitle"
        android:layout_width = "wrap_content"
        android:layout_height = "wrap_content"/ >
    <! -- 设置一个进度条,并且设置为水平方向 -->
    < ProgressBar
        android:layout_width = "fill_parent"
        android:layout_height = "wrap_content"
        android:id = "@ + id/pgbar"
        style = "? android:attr/progressBarStyleHorizontal"/ >
    < Button
        android:layout_width = "wrap_content"
        android:layout_height = "wrap_content"
        android:id = "@ + id/btnupdate"
        android:text = "更新 progressBar"/ >
</LinearLayout >
```

② 编写一个类，继承 AsyncTask，实现进度条数据的刷新。特别注意的是，可以在这里设置文本框的值。

```
    public class MyAsyncTask extends AsyncTask < Integer,Integer,String > {
    private TextView txt;
    private ProgressBar pgbar;
    public MyAsyncTask(TextView txt,ProgressBar pgbar)
    {
        super( );
        this. txt = txt;
        this. pgbar = pgbar;
    }
    @ Override
    protected String doInBackground(Integer... params) {
        DelayOperator dop = new DelayOperator( );
        int i =0;
        for (i =10;i  <=100;i +=10)
        {
            dop. delay( );
            publishProgress(i);
```

```
            }
            return   i + params[0]. intValue() + "";
        }
        @ Override
        protected void onPreExecute() {
            txt. setText("开始执行异步线程 ~");
        }
        @ Override
        protected void onProgressUpdate(Integer... values) {
            int value = values[0];
            pgbar. setProgress(value);
            txt. setText(value + "");
        }
    }
```

上述代码中，dop 为一个延时操作，每执行一次，线程休眠 1 s。

```
        public class DelayOperator {
        public void delay()
        {
            try {
                Thread. sleep(1000);
            } catch (InterruptedException e) {
                e. printStackTrace();;
            }
        }
    }
```

主活动如下。

```
        public class MainActivity10 extends Activity {
        private TextView txttitle;
        private ProgressBar pgbar;
        private Button btnupdate;
        @ Override
        protected void onCreate(Bundle savedInstanceState) {
            super. onCreate(savedInstanceState);
            setContentView(R. layout. twelve_layout);

            txttitle = (TextView)findViewById(R. id. txttitle);
```

```
        pgbar = (ProgressBar)findViewById(R.id.pgbar);
        btnupdate = (Button)findViewById(R.id.btnupdate);
        btnupdate.setOnClickListener(new View.OnClickListener() {
            @Override
            public void onClick(View v) {
                MyAsyncTask myTask = new MyAsyncTask(txttitle,pgbar);
                myTask.execute(1000);
            }
        });
    }
}
```

项目总结

本项目完成之后，读者已经熟悉了制作云存储客户端 APP 所需要用到的大部分组件。此项目中讲到的弹出框与进度条还有多种使用方式，感兴趣的读者可以在业余时间深入学习。此项目中对于适配器的讲解只涉及适配器的初级使用，高级使用请读者深入研究。

拓展实训

（1）请读者使用本项目讲解的控件完成一个登录界面，涉及两个 TextView 和一个按钮。

（2）请读者使用本项目讲解的控件完成一个列表视图界面，同时在登录界面单击按钮后跳转至列表视图。

项目 5
云存储OpenStack Swift服务构建

学习目标

本项目主要完成以下学习目标。

- 了解云存储服务 OpenStack Swift 的搭建。
- 掌握 Swift 服务的使用。
- 掌握 Swift APIs 的使用。
- 掌握 SDK 的获取、编译和测试。

项目描述

在本项目中，读者需要了解 Swift 的基本原理和内部使用的基本命令，理顺其内部的运行算法和备份的机制等，并完成 OpenStack Swift 服务的搭建，以及对其 APIs 进行测试。

任务 5－1 了解 Swift 的基本概念

1. 了解 Swift 对象存储

Swift 最初是由 Rackspace 公司开发的高可用分布式对象存储服务，并于 2010 年贡献给 OpenStack 开源社区，作为其最初的核心子项目之一。Swift 是一个可扩展的、冗余的对象存储引擎，可以存储 PB 级以上的可用数据，是一个长期的存储系统，可以获得、调用、更新一些静态的永久性数据。

Swift 构筑在比较便宜的标准硬件存储基础设施之上，无须采用 RAID（磁盘冗余阵列）；通过在软件层面引入一致性散列技术提高数据冗余性、高可用性和可伸缩性；支持多租户模式、容器和对象读写操作，适合解决互联网应用场景下的非结构化数据存储问题。在 OpenStack 中，Swift 主要用于存储虚拟机镜像，以及用于 Glance 的后端存储。在实际运用中，Swift 的典型运用是网盘系统，其中具有代表性的是 Dropbox，存储类型大多为图片、邮件、视频、存储备份等静态资源。

Swift 不能像传统文件系统那样进行挂载和访问，只能通过 REST API 接口来访问数据；并且这些 API 与亚马逊的 S3 服务 API 是兼容的。Swift 不同于传统文件系统和实时数据存储系统，它适用于存储、获取一些静态的永久性的数据并在需要的时候进行更新。

2. 应用背景

企业搭建了 OpenStack 私有云，计划使用 OpenStack Swift 云存储，构建企业安全、可靠的私有云存储网盘；每个员工都开辟存储空间，让企业员工随时随地访问和管理文档资产。目前，智能终端设备非常普及，为方便员工访问自己的存储空间，选择开发移动端私有云盘客户端方案。

任务 5－2 搭建 OpenStack Swift 服务

1. 相关知识

（1）云存储 OpenStack Swift 介绍

在国外，有商用的成功案例：Rackspace 公司通过结合 Swift 和 nova 提供 IaaS 云服务、微软的 SharePoint 的后端支持、韩国电信公司（KT）推出的云服务等。

在国内尚未有商用的成功案例，大部分都处于实验阶段，上海交大信息中心用 OpenStack 做了一个私有云，50 台服务器、500 GB SSD storage、100 TB block storage 和 400 TB object storage。

2011 年 9 月 6 日，首届开源云 OpenStack 峰会在上海举行，可见 OpenStack 在国内在研究方面比较热。

（2）Swift 服务中的基本概念

① Account。

出于访问安全性考虑，使用 Swift 系统，每个用户必须有一个账号（Account）。只有通过 Swift 验证的账号才能访问 Swift 系统中的数据。提供账号验证的节点被称为 Account Server。Swift 中由 Swauth 提供账号权限认证服务。

用户通过账号验证后将获得一个验证字符串（Authentication Token），后续的每次数据访问操作都需要传递这个字符串。

② Container。

Swift 中的 Container 可以类比为 Windows 操作系统中的文件夹或者 UNIX 类操作系统中的目录，用于组织管理数据，所不同的是 Container 不能嵌套。数据都以 Object 的形式存放在 Container 中。

③ Object。

Object（对象）是 Swift 中的基本存储单元。一个对象包含两部分，数据（Data）和元数据（Metadata）。其中，元数据包括对象所属 Container 名称、对象本身名称及用户添加的自定义数据属性（必须是 key - value 格式）。

对象名称在 URL 编码后大小要求小于 1 024 字节。用户上传的对象最大是 5 GB，最小是 0 字节。用户可以通过 Swift 内建的大对象支持技术获取超过 5 GB 的大对象。对象的元数据不能超过 90 个 key - value 对属性，并且这些属性的总大小不能超过 4 KB。

Account、Container、Object 是 Swift 系统中的 3 个基本概念，三者的层次关系是：一个 Account 可以创建及拥有任意多个 Container，一个 Container 中可以包含任意多个 Object。可以简单理解为，一个 Tenant 拥有一个 Account，Account 下存放 Container，Container 下存储 Object。

在 Swift 系统中，集群被划分成多个区（Zone），区可以是一个磁盘、一个服务器、一台机柜甚至一个数据中心，每个区中有若干个节点（Node）。Swift 将 Object 存储在节点上，每个节点都是由多个硬盘组成的，并保证对象在多个节点上有备份（默认情况下，Swift 会给所有数据保存 3 个副本），以及这些备份之间的一致性。备份将均匀地分布在集群服务器上，并且系统保证各个备份分布在不同区的存储设备上，这样可以提高系统的稳定性和数据的安全性。它可以通过增加节点来线性地扩充存储空间。当一个节点出现故障时，Swift 会从其他正常节点对出故障节点的数据进行备份。

（3）Swift 服务优势

① 数据访问灵活性。

Swift 通过 REST API 接口来访问数据，可以通过 API 实现文件的存储和管理，使得资源管理实现自动化。同时，Swift 将数据放置于容器内，可以创建公有的容器和私有的容器。自由的访问控制权限既允许用户间共享数据，也可以保存隐私数据。Swift 对所需的硬件没有刻意的要求，充分利用商用的硬件节约单位存储的成本。

② 高数据持久性。

Swift 提供多重备份机制，拥有极高的数据可靠性，数据存放在高分布式的 Swift 系统中，几乎不会丢失，Swift 在 5 个 Zone、5 × 10 个存储节点、数据复制 3 份时，数据持久性的 SLA 能够达到 99. 999 999 99%，即存储 1 万个文件到 Swift 中。经过 10 万年后，可能会丢失一个文件，这种文件丢失几乎可以忽略不计。

③ 极高的可拓展性。

Swift 通过独立节点来形成存储系统。首先，在数据量的存储上就做到了无限拓展。另外，Swift 的性能也可以通过增加 Swift 集群来实现线性提升，所以 Swift 很难达到性能瓶颈。

④ 无单点故障。

由于 Swift 的节点具有独立的特点，在实际工作时，不会发生传统存储系统的单点故障。传统系统即使通过 HA 来实现热备，在主节点出现问题时，还是会影响整个存储系统的性能。而在 Swift 系统中，数据的元数据是通过 Ring 算法完全随机均匀分布的，且元数据也会保存多份，对于整个 Swift 集群而言，没有单点的角色存在。

⑤ 架构解析。

REST 是 Roy Fielding 博士 2000 年在他的博士论文中提出来的一种软件架构风格。REST（Representational State Transfer）是一种轻量级的 Web Service 架构风格，其实现和操作明显比 SOAP 和 XML-RPC 更为简洁，可以完全通过 HTTP 协议实现，其响应速度、性能、效率和易用性都优于 SOAP 协议。

REST 架构遵循了 CRUD 原则。CRUD 原则对于资源只需要 4 种行为，即 Create（创建）、Read（读取）、Update（更新）和 Delete（删除），就可以完成对其操作和处理。这 4 个操作是一种原子操作，即一种无法再分的操作，通过它们可以构造复杂的操作过程，正如数学上四则运算是数字的最基本的运算一样。

REST 架构让人们真正理解网络协议 HTTP 的本来面貌，对资源的操作包括获取、创建、修改和删除，正好对应 HTTP 协议提供的 GET、POST、PUT 和 DELETE 方法，因此，REST 把 HTTP 对一个 URL 资源的操作限制在 GET、POST、PUT 和 DELETE 这 4 个之内。这种针对网络应用的设计和开发方式，可以降低开发的复杂性，提高系统的可伸缩性。

因为其具有简洁及方便性，因此越来越多的 Web 服务开始采用 REST 风格设计和实现。例如，Amazon. com 提供接近 REST 风格的 Web 服务进行图书查找，雅虎提供的 Web 服务也是 REST 风格的。

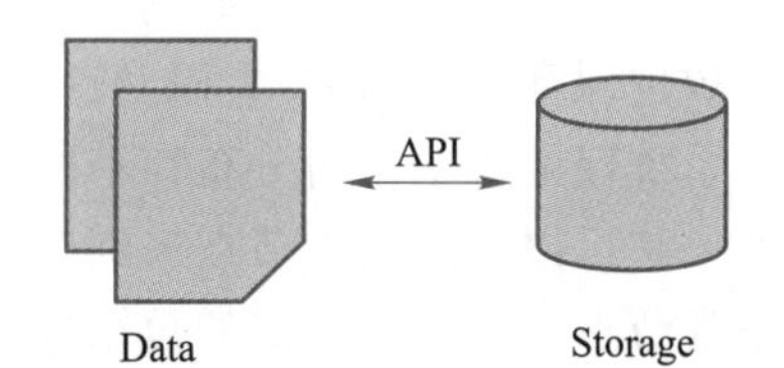

图 5-2-1　通过 API 访问 Swift 存储的数据

因为 Swift 采用 REST 架构，因此开发者不能像普通的文件系统那样对数据进行访问，必须通过它提供的 API 来访问操作数据，如图 5-2-1 所示。

图 5-2-2 和图 5-2-3 所示分别展示了 Swift 的上传和下载操作。Rackspace 还对这些 API 做了不同语言的封装绑定，以方便开发者进行开发。目前支持的语言有 PHP、Python、Java、C#/. NET 和 Ruby。

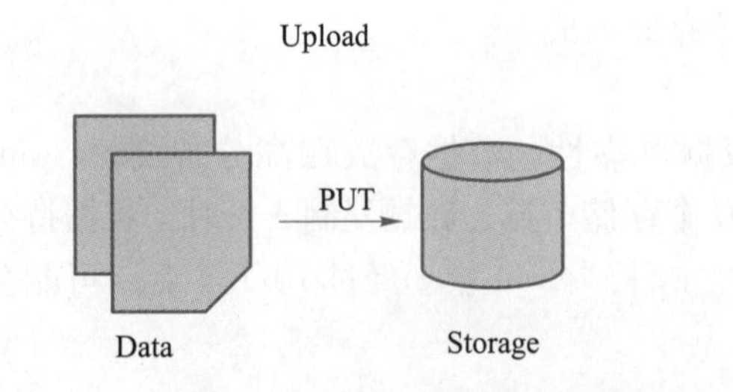

图 5-2-2　通过 HTTP 的 PUT 方法上传数据

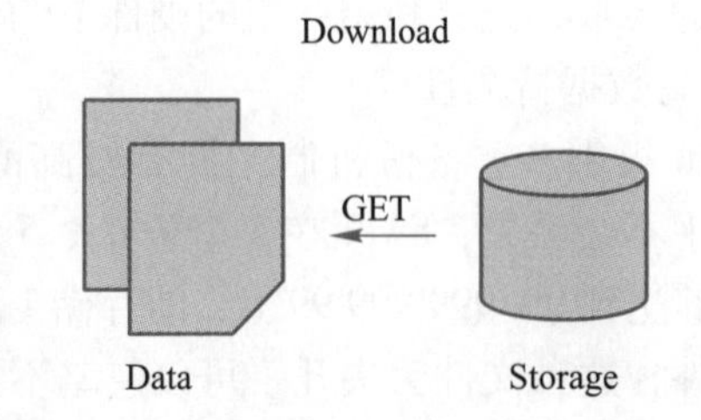

图 5-2-3　通过 HTTP 的 GET 方法下载数据

使用 HTTPS（SSL）协议和对象存储进行交互，也可以使用标准的 HTTP API 调用来完成操作。用户也可以使用特定语言的 API，它使用 RESTful API。

如果需要上传数据，则通过 API 接口，通过 PUT 方式将 Data 数据上传到存储系统中；如果需要下载数据，则通过 GET 方法将存储系统中的数据下载下来。

（4）Swift 服务架构

Swift 集群主要包含认证节点、代理节点和存储节点。认证节点主要负责对用户的请求授权，只有通过认证节点授权的用户才能操作 Swift 服务。因为 Swift 是 OpenStack 的子项目之一，所以目前一般用 Keystone 服务作为 Swift 服务的认证服务。代理节点用于和用户交互，接收用户的请求，并且给用户做出响应。Swift 服务所存储的数据一般都放在数据节点。

图 5-2-4 所示是 Swift 架构图，本书将通过图片详细讲解 Swift 服务的各个组件及其功能。

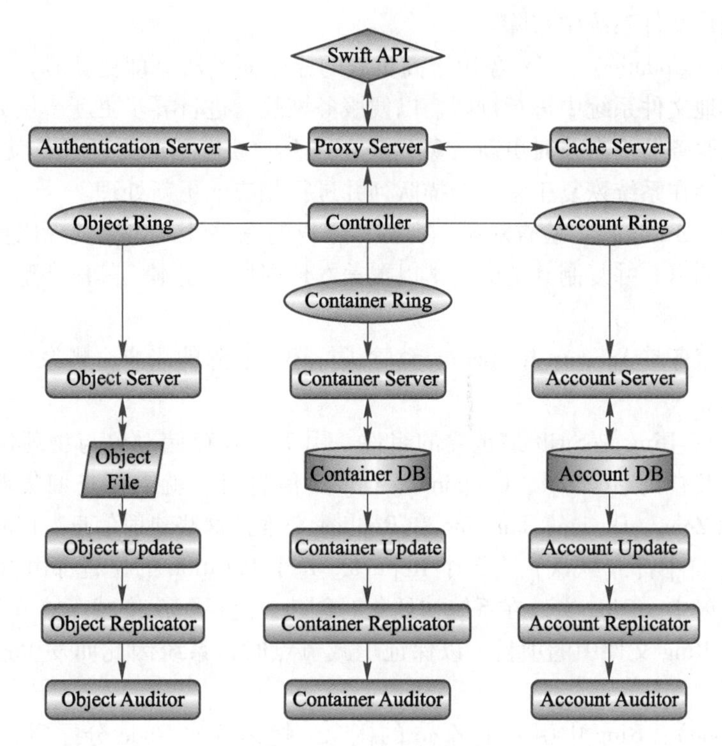

图 5-2-4　Swift 系统架构

- 代理服务（Proxy Server）：对外提供对象服务 API，会根据环（参见第 108 页环的介绍）来查找服务地址并转发用户请求至相应的账户、容器或者对象服务。它采用无状态的 REST 请求协议，可以进行横向扩展来均衡负载。
- 认证服务（Authentication Server）：验证访问用户的身份信息，并获得一个对象访问令牌（Token），在一定的时间内会一直有效。该服务验证访问令牌的有效性并缓存下来直至过期时间。
- 缓存服务（Cache Server）：缓存的内容包括对象服务令牌、账户和容器的存在信息，但不会缓存对象本身的数据。缓存服务可采用 Memcached 集群，Swift 会使用一致性散列算法来分配缓存地址。

- 账户服务（Account Server）：提供账户元数据和统计信息，并维护所含容器列表的服务，每个账户的信息被存储在一个 SQLite 数据库中。
- 容器服务（Container Server）：提供容器元数据和统计信息，并维护所含对象列表的服务，每个容器的信息也存储在一个 SQLite 数据库中。
- 对象服务（Object Server）：提供对象元数据和内容服务，每个对象的内容会以文件的形式存储在文件系统中，元数据会作为文件属性来存储，建议采用支持扩展属性的 XFS 文件系统。
- 复制服务（Replicator）：会检测本地分区副本和远程副本是否一致，具体是通过对比散列文件和高级水印来完成，发现不一致时会采用推式（Push）更新远程副本，例如对象复制服务会使用远程文件复制工具 rsync 来同步；另外一个任务是确保被标记删除的对象从文件系统中移除。
- 更新服务（Updater）：当对象由于高负载的原因而无法立即更新时，任务将会被序列化到在本地文件系统中进行排队，以便服务恢复后进行异步更新。例如，成功创建对象后容器服务器没有及时更新对象列表，这个时候容器的更新操作就会进入排队中，更新服务会在系统恢复正常后扫描队列并进行相应的更新处理。
- 审计服务（Auditor）：检查对象、容器和账户的完整性，如果发现比特级的错误，则文件将被隔离，并复制其他的副本以覆盖本地损坏的副本。其他类型的错误会被记录到日志中。
- 账户清理服务（Account Reaper）：移除被标记为删除的账户，删除其所包含的所有容器和对象。
- 环（Ring）：Ring 是 Swift 最重要的组件，用于记录存储对象与物理位置间的映射关系。在涉及查询 Account、Container、Object 信息时，就需要查询集群的 Ring 信息。Ring 使用 Zone、Device、Partition 和 Replica 来维护这些映射信息。Ring 中的每个 Partition 在集群中都（默认）有 3 个 Replica。每个 Partition 的位置都由 Ring 来维护，并存储在映射中。Ring 文件在系统初始化时创建，之后每次增减存储节点时都需要重新平衡一下 Ring 文件中的项目，以保证增减节点时，系统因此而发生迁移的文件数量最少。
- 区域（Zone）：Ring 中引入了 Zone 的概念，把集群的 Node 分配到每个 Zone 中。其中，同一个 Partition 的 Replica 不能同时放在同一个 Node 上或同一个 Zone 内，防止造成所有的 Node 如果都在一个机架或一个机房中，一旦发生断电、网络故障等，造成用户无法访问的情况出现。

（5）基本命令

Swift 工具是用于用户与 OpenStack 对象存储（Swift）环境进行通信的命令行接口。它允许一个用户执行多种类型的操作。常用的管理命令有以下几种。

① Swift stat。

功能：根据给定的参数显示账户、对象或容器的信息。

格式：

```
swift stat [container] [object]
```

参数说明：

[container]：容器名称。

[object]：对象名称。

② Swift list。

功能：列出该账户的容器或容器的对象。

格式：

```
Swift list [command - options] [container]
```

参数说明：

[command - options]：选项。

[container]：容器名称。

③ Swift upload。

功能：根据参数将制定的文件或者目录上传到容器内。

格式：

```
swift upload [command - options] container file_or_directory [file_or_directory] [...]
```

参数说明：

[command - options]：选项。

Container：容器名称，或者是容器内的目录。

file_or_directory：本地文件系统内的目录或者文件。

[file_or_directory]：本地文件系统内的目录或者文件，可同时上传多个目录或文件。

④ Swift post。

功能：根据给定的参数升级 Account、Container 或者 Object 的元数据信息。

格式：

```
swift post [command - options] [container] [object]
```

参数说明：

[command - options]：选项。

[container]：容器名称。

[object]：对象名称。

⑤ Swift download。

功能：根据给定的参数下载容器中的对象。

格式：

```
swift download [command - options] [container] [object] [object] [...]
```

参数说明：

[command - options]：选项。

[container]：容器名称。

[object]：对象名称（可同时下载多个对象）。

⑥ Swift delete。

功能：根据给定的参数删除容器中的对象。

格式：

```
swift delete [command - options] [container] [object] [object] [...]
```

参数说明：

[command - options]：选项。

[container]：容器名称。

[object]：对象名称（可同时下载多个对象）。

2. 实现步骤

本次搭建 Swift 服务主要供网盘开发使用，因此只需要搭建单节点的 Swift 服务即可满足需求。

安装最小化 Centos 6.5_x64 桌面操作系统，配置主机名，将提供的压缩包导入到操作系统内。

① 配置主机名。

配置节点主机名为 swift。配置完成后通过如下命令验证。

```
$vi /etc/sysconfig/network              //修改主机名和网络设置
NETWORKING = yes
HOSTNAME = swift                        //修改主机名为 swift（永久生效）
 $hostname swift                        //临时修改系统主机名
 $hostname                              //查询当前系统主机名
swift
```

② 配置环境。

配置完毕主机名之后配置防火墙规则和 Selinux。

```
#配置防火墙
# iptables - F  //清除所有 chains 链(INPUT/OUTPUT/FORWARD)中所有的 rule 规则
# iptables - Z  //清空所有 chains 链(INPUT/OUTPUT/FORWARD)中的包及字节计数器
# iptables - X  //清除用户自定义的 chains 链(INPUT/OUTPUT/FORWARD)中的 rule 规则
# service iptables save  //保存修改的 Iptables 规则
#配置 selinux
```

修改配置文件/etc/selinux/config 的信息如下。

```
SELINUX = permissive  //表示系统会收到警告信息但是不会受到限制,作为 selinux 的
debug 模式
#保存修改内容后退出
```

③ 配置 YUM 源。

将提供的安装文件复制到系统内部，制作安装源。

本次测试采用实验室本地源。

本次安装源为电子资源中的 iaas - repo 文件夹和 centos 6. 5 文件夹。

注意：centos 6. 5 存放安装电子资源中的全部文件。

在/etc/yum. repos. d 创建 local. repo 源文件，搭建 FTP 服务器指向存放 YUM 源路径。

```
[centos]
name = centos   //设置此 YUM 的资源描述名称
baseurl = ftp://192. 168. 2. 10/centos6. 5/   //设置 YUM 源的访问地址及路径
//( 注:具体的 YUM 源根据真实环境配置,本次为实验室测试环境。)
gpgcheck =0   //禁用 gpg 检查 gpgkey
enabled =1   //启动此 YUM 源
[openstack]
name = OpenStack
baseurl = ftp://192. 168. 2. 10//iaas - repo/
//( 注:具体的 YUM 源根据真实环境配置,本次为实验室测试环境。)
gpgcheck =0
enabled =1
# yum clean all   //清除缓存
```

④ 配置 IP。

配置临时 IP，方便运行及安装脚本，修改设备的 eth0 端口地址。

修改配置文件/etc/sysconfig/network - scripts/ifcfg - eth0 的信息如下。

```
DEVICE = eth0   //配置网卡的设备名称
IPADDR =172. 24. 0. 10   //配置网络地址
NETMASK =255. 255. 255. 0   //配置网络子网掩码
GATEWAY =172. 24. 0. 1   //配置网络网关
BOOTPROTO = static   //配置静态网络地址
ONBOOT = yes   //开机启动网络
USERCTL = no   //不允许非 root 用户修改此设备
```

修改完成，重启网络。

```
# service network restart
```

⑤ 重启设备。

完成配置后，重启设备。

⑥ 部署脚本安装平台。

将提供的安装脚本复制到系统内部。

```
Xiandian_Pre. sh
Xiandian_Install_Controller_Node. sh
Xiandian_Install_Storage_Node. sh
```

⑦ 配置环境变量。

修改 Xiandian_Pre. sh，修改如下。

```
Mysql_Admin_Passwd = 000000   //数据库用户密码
Admin_Passwd = 000000   //管理员密码
Demo_User_Passwd = 000000   //演示用户密码
Demo_DB_Passwd = 000000   //演示数据库密码
Contoller_Hostname = swift   //控制节点主机名
Controller_Mgmt_IPAddress = 172. 24. 0. 10   //控制节点管理网段密码
Gateway_Mgmt = 172. 24. 0. 1   //管理网段网关
Controller_Stroage_IPAddress = 172. 24. 1. 10   //存储网络地址
Controller_External_IPAddress = 172. 24. 2. 10   //外部地址
Stroage_Hostname = swift   //存储节点主机名
Stroage_Mgmt_IPAddress = 172. 24. 0. 10   //存储节点管理地址
Stroage_Stroage_IPAddress = 172. 24. 1. 10   //存储节点存储地址
Stroage_External_IPAddress = 172. 24. 2. 10   //存储节点外部地址
Stroage_Swift_Disk = sda2   //Swift 存储磁盘分区名称
```

修改完成之后保存配置并退出。

⑧ 配置控制节点。

配置完成环境变量之后，控制节点执行 . /Xiandian_Install_Controller_Node. sh，在执行过程中按 Enter 键完成密钥创建，同时输入节点密码完成密钥验证。执行完成之后再执行 . /Xiandian_Install_Storage_Node. sh，完成安装。

⑨ 完成安装。

执行以下命令，查看 Swift 服务状态是否正确。

```
# source /etc/keystone/admin - openrc. sh
# swift - init all restart
#swift stat
```

出现类似以下信息，表示 Swift 服务安装成功。

```
[root@ swift  ~ ]# swift stat
        Account:AUTH_fce45633eb824df690df8d8944faa15d
     Containers:49
        Objects:171
          Bytes:761817242
```

```
Accept - Ranges:bytes
  X - Timestamp:1446138807.29493
    X - Trans - Id:tx68e2f257f30142a585a66 - 00575dadfe
Content - Type:text/plain;charset = utf - 8
```

⑩ 个人开发环境构建。

首先将 swift - server. zip 解压，本次解压到桌面。因为本次 Swift 服务适用于个人开发，因此选择在 Virtual Box 上启动虚拟机。将 Swift 服务安装到虚拟机上。接下来安装 Virtual Box 软件。在 Android 模拟器的 . zip 软件包内有 Virtual Box 的安装包。也可以自行下载最新版本的 Virtual Box 安装包进行安装。

安装 Virtual Box 完成之后，打开本地物理 PC 网络连接，右键单击 VirtualBox Host - Only Network 网卡，在弹出的快捷菜单中选择“属性”命令，打开“本地连接 属性”对话框，通过该对话框修改虚拟网卡配置，如图 5-2-5 所示。

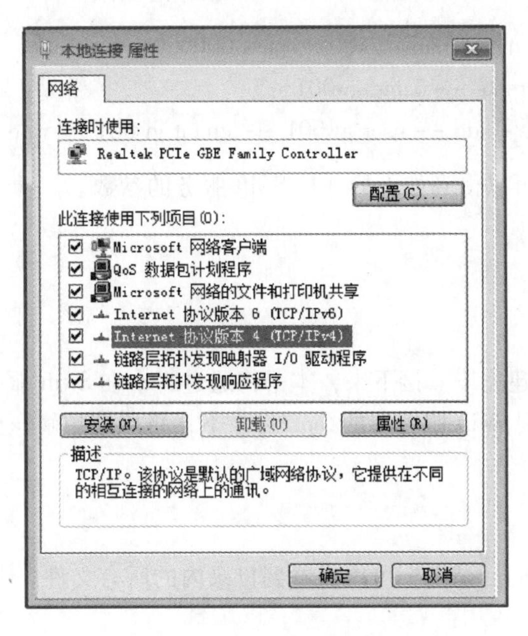

图 5-2-5 设置虚拟网卡属性

将 IP 地址设置为 192. 168. 1. 1，将子网掩码配置为 255. 255. 255. 0，然后单击“确定”按钮。

打开 Virtual Box，然后单击“新建”按钮。

设置虚拟机参数如下。

- 名称：swift。
- 类型：Linux。
- 版本：Linux 2. 6/3. x/4. x（64 - bit）。
- 内存大小：推荐 1 GB 以上内存空间大小。

- 虚拟硬盘：使用已有的虚拟硬盘文件。

完成后选择“虚拟硬盘‘选项卡内’使用已有的虚拟硬盘文件”选项，并单击文件夹图标来选择虚拟硬盘。

在新建虚拟机的过程中，如果版本没有 Linux 2.6/3.x/4.x（64-bit）这一选项，可以先选择 Linux 2.6/3.x/4.x（32-bit）类型。

找到桌面 siwft-server/swift1 目录下的 vmdk 文件，选择 swift1.vmdk 文件。选择完成后，单击“创建”按钮。创建完成后，右键单击创建好的 Swift 虚拟机，在弹出的快捷菜单中选择“设置”命令，确认版本为 Linux 2.6/3.x/4.x（64-bit）。如果无法选择这一版本，需要重启物理 PC，然后进入 BIOS 界面开启 PC 的虚拟化支持。

单击“网络”标签，选择连接方式为“仅主机（Host-Only）适配器”。完成后单击“启动”按钮来启动虚拟机。虚拟机启动后，通过输入登录用户名“admin”和密码“000000”来登录虚拟机，也可以通过 SecureCRT 连接虚拟机。

现在创建用户和租户，并赋予租户操作 Swift 服务的权限。

```
# keystone user-create --name gw001 -pass 000000
# keystone tenant-create --name gw001
# keystone user-role-add --user gw001 --tenant gw001 --role SwiftOperator
```

用户建立完成后，可以得到如下的连接 Swift 服务的参数。

```
username:gw001
password:000000
tenantname:gw001
```

到此，Swift 服务搭建完毕。接下来，本书将通过脚本在 Swift 服务中上传数据。

将 storage.zip 上传到 Swift 服务器的/opt/目录下，将压缩包解压到/opt/目录。

```
# cd /opt/
# unzip storage.zip
```

进入解压后的 storage 目录内，可以查看到目录内的所有文件。

```
# ll
[root@swift storage]# ll
total 344
drwxr-xr-x. 2 root root   4096 Jun 15 09:35 bigdata
drwxr-xr-x. 2 root root   4096 Jun 15 09:35 cloudskill
-rw-r--r--. 1 root root   9216 Jun 15 09:35 cloudskill.doc
-rw-r--r--. 1 root root  15038 Jun 15 09:35 cloudskill.png
drwxr-xr-x. 2 root root   4096 Jun 15 09:35 iaas
-rw-r--r--. 1 root root   7680 Jun 15 09:35 inbigdata.ppt
-rw-r--r--. 1 root root     23 Jun 15 09:35 incloudskill.txt
```

```
-rw-r--r--. 1 root root   7168 Jun 15 09:35 iniaas.xls
-rw-r--r--. 1 root root     17 Jun 15 09:35 inpaas.txt
-rw-r--r--. 1 root root    168 Jun 15 09:35 insaas.txt
-rw-r--r--. 1 root root 243104 Jun 15 09:35 inxdcloud.mp4
drwxr-xr-x. 2 root root   4096 Jun 15 09:35 paas
-rw-r--r--. 1 root root   3343 Jun 15 09:35 products.jpg
-rw-r--r--. 1 root root   8065 Jun 15 09:35 products.png
drwxr-xr-x. 2 root root   4096 Jun 15 09:35 saas
-rwxr-xr-x. 1 root root   2331 Jun 15 09:35 swiftupload.sh
drwxr-xr-x. 2 root root   4096 Jun 15 09:35 tmp
drwxr-xr-x. 2 root root   4096 Jun 15 09:35 xdcloud
drwxr-xr-x. 2 root root   4096 Jun 15 09:35 四大名著
```

通过 cat 命令查看 swiftupload.sh 文件。

```
[root@swift storage]# cat swiftupload.sh
#!/bin/bash
```

定义上传对象 uploadFile()方法。

```
uploadFile()
{

#删除容器,并创建新的容器
echo "################## Delete Container ##################"
swift delete gw001
echo "################## Create Container ##################"
swift post gw001

#上传目录对象,完成后将文件复制到目录内,然后上传文件对象
#文件对象上传完成后删除目录内的文件
swift    upload   gw001   bigdata/
cp inbigdata.ppt bigdata/
swift    upload   gw001   bigdata/inbigdata.ppt
rm -rf bigdata/inbigdata.ppt

swift    upload   gw001   iaas/
cp iniaas.xls iaas/
swift    upload   gw001   iaas/iniaas.xls
```

```
rm -rf iaas/iniaas.xls

swift    upload  gw001   paas/
cp inpaas.txt paas/
swift    upload  gw001   paas/inpaas.txt
rm -rf paas/inpaas.txt

swift    upload  gw001   saas/
cp insaas.txt  saas/
swift    upload  gw001   saas/insaas.txt
rm -rf saas/insaas.txt

swift upload gw001 cloudskill/
cp incloudskill.txt cloudskill/
swift upload gw001 cloudskill/incloudskill.txt
rm -rf cloudskill/incloudskill.txt

swift upload gw001 xdcloud/
cp inxdcloud.mp4 xdcloud/
swift upload gw001 xdcloud/inxdcloud.mp4
rm -rf xdcloud/inxdcloud.mp4

#上传四大名著目录对象
swift upload gw001 四大名著/

#在目录内新建 doc、pdf、txt 这 3 个目录
mkdir 四大名著/doc
mkdir 四大名著/pdf
mkdir 四大名著/txt

#上传 doc、pdf、txt 这 3 个目录对象
swift upload gw001 四大名著/doc/
swift upload gw001 四大名著/pdf/
swift upload gw001 四大名著/txt/

#将 tmp 目录内的文件分类复制到 doc、pdf、txt 目录内
cp tmp/*.docx 四大名著/doc/
```

```
cp tmp/ *. pdf 四大名著/pdf/
cp tmp/ *. txt 四大名著/txt/

#上传 doc、pdf、txt 目录内的文件对象
swift upload gw001 四大名著/doc/
swift upload gw001 四大名著/pdf/
swift upload gw001 四大名著/txt/

#删除四大名著目录内的所有内容
rm -rf 四大名著/ *

#上传文件对象到容器的根目录
swift    upload   gw001    cloudskill. png
swift    upload   gw001    cloudskill. doc
swift    upload   gw001    products. jpg
swift    upload   gw001    products. png

echo "####################################################"
echo "###################    FileList    ###################"
echo "####################################################"

#展示容器内的文件列表
swift list gw001
}

#执行 upload 方法
uploadFile;
```

通过脚本注释可以看出，执行脚本首先会删除并创建一个 gw001 的容器，然后依次将 storage 目录里面的内容上传到 gw001 的容器内。

上传之前，需要切换到 gw001 用户登录。

```
# export OS_USERNAME = admin
# export OS_PASSWORD = 000000
# export OS_TENANT_NAME = admin
# export OS_AUTH_URL = http://swift:35357/v2. 0
```

也可以将上述命令行写成 gw001 - openrc. sh 文件，通过 source 命令快速切换到 gw001 用户。

```
# cat /opt/gw001 - openrc. sh
export OS_USERNAME = gw001
export OS_PASSWORD = 000000
export OS_TENANT_NAME = gw001
export OS_AUTH_URL = http://swift:35357/v2. 0
#source /opt/gw001 - openrc. sh
```

用户切换完成后执行 swiftupload. sh 文件，创建 gw001 容器内的数据。

```
# cd /opt/storage
# chmod + xswiftupload. sh
#. /swiftupload. sh
```

执行完成后，可以通过命令查看容器里面的文件。

```
# swift list gw001
bigdata/
bigdata/inbigdata. ppt
cloudskill. doc
cloudskill. png
cloudskill/
cloudskill/incloudskill. txt
iaas/
iaas/iniaas. xls
paas/
paas/inpaas. txt
products. jpg
products. png
saas/
saas/insaas. txt
xdcloud/
xdcloud/inxdcloud. mp4
四大名著/
四大名著/doc/
四大名著/doc/西游记 . docx
四大名著/pdf/
四大名著/pdf/红楼梦 . pdf
四大名著/txt/
四大名著/txt/三国演义 . txt
四大名著/txt/水浒传 . txt
```

看到以上内容表明工程的数据已经创建成功。这时，Swift 个人开发环境已经全部搭建完毕。

任务 5 – 3　测试 Swift 服务 RESTful APIS

1. 相关知识

应用程序编程接口（Application Programming Interface，API）是一些预先定义的函数，目的是提供应用程序与开发人员基于某软件或硬件得以访问一组例程的功能，而又无须访问源码或理解内部工作机制的细节。

在介绍 API 程序之前，首先了解下 curl 工具是什么。curl 是一个命令行工具，能够通过命令行发送和接收 HTTP 请求和响应，这使得它能够直接使用 REST API 进行工作。curl 有以下几个主要的命令，见表 5–1。

表 5–1　curl 主要命令

命　令	作　用
– H < line >	自定义头信息传递给服务器
– i	输出时包括 protocol 头信息，显示响应头
– k	允许不使用证书到 SSL 站点
– v	显示详细信息
– X < command >	指定命令
– d < data >	以 HTTP POST 方式传送数据

Swift 通过 Proxy Server 向外提供基于 HTTP 的 REST 服务接口，对账户、容器和对象进行 CRUD 等操作。在访问 Swift 服务之前，需要先通过认证服务获取访问令牌，然后在发送的请求中加入头部信息 X – Auth – Token。下面是请求返回账户中的容器列表的示例。

首先需要获取用户的请求 Token 值，如下所示。

```
# keystone_token ='curl   – d '{"auth":{"tenantName":"admin","passwordCredentials":{"username":"admin","password":"000000"}}}' – H "Content – type:application/json" http://172.24.0.10:35357/v2.0/tokens | sed – e 's/"/ /g' – e  's/,/ /g"
```

根据反馈的结果取出 Token 值，赋予变量 token。

```
# token ='echo$keystone_token |awk {'print$16'}'
```

取出 storage_url 地址，赋予变量 storage_url。

```
# publicURL ='echo$keystone_token |awk {'print$294'}'
```

根据以上的总结，可以对照 Swift 的 RESTful API 表来总结一下常用的命令，见表 5–2。

表 5-2 Swift RESTful API 总结

资源类型	URL	GET	PUT	POST	DELETE	HEAD
账户	/account/	获取容器列表				获取账户元数据
容器	/account/container	获取对象列表	创建容器	更新容器元数据	删除容器	获取容器元数据
对象	/account/container/object	获取对象内容和元数据	创建、更新或复制对象	更新对象元数据	删除对象	获取对象元数据

2. 实现步骤

① 显示账号内容。

格式：GET/v1/{account}

用法：

```
# curl -i$publicURL? format=json -X GET -H "X-Auth-Token:$token"
HTTP/1.1 200 OK
Content-Length:221
Accept-Ranges:bytes
X-Timestamp:1457506647.35213
X-Account-Bytes-Used:1051537
X-Account-Container-Count:4
Content-Type:application/json;charset=utf-8
X-Account-Object-Count:22
X-Trans-Id:tx208095d71df24926b4eeb-00573042b6
Date:Mon,09 May 2016 07:56:38 GMT
[{"count":0,"bytes":0,"name":"BS_Dept_Private"},{"count":0,"bytes":0,
"name":"IT_Dept_Private"},{"count":0,"bytes":0,"name":"RD_Dept_Public"},
{"count":22,"bytes":1051537,"name":"Volume_test_backup"}]
```

② 创建、更新、删除账号数据。

格式：POST/v1/{account}

用法：

创建账号数据，列举容器内容。

```
# curl -i$publicURL -X POST -H "X-Auth-Token:$token" -H "X-Account-Meta-
Book:MobyDick" -H "X-Account-Meta-Subject:Literature"
HTTP/1.1 204 No Content
Content-Length:0
Content-Type:text/html;charset=UTF-8
X-Trans-Id:txdfb91c5374ad4ce8a3800-00573043e8
Date:Mon,09 May 2016 08:01:44 GMT
```

开发者可以在此通过显示账号详情查询相关信息。

```
# curl -i$publicURL? format=json -X GET -H "X-Auth-Token:$token"
HTTP/1.1 200 OK
Content-Length:221
X-Account-Object-Count:22
X-Account-Meta-Book:MobyDick
X-Timestamp:1457506647.35213
X-Account-Meta-Subject:Literature
X-Account-Bytes-Used:1051537
X-Account-Container-Count:4
Content-Type:application/json;charset=utf-8
Accept-Ranges:bytes
X-Trans-Id:tx2cb18c35b09f44808fa7e-0057304545
Date:Mon,09 May 2016 08:07:33 GMT
[{"count":0,"bytes":0,"name":"BS_Dept_Private"},{"count":0,"bytes":0,
"name":"IT_Dept_Private"},{"count":0,"bytes":0,"name":"RD_Dept_Public"},
{"count":22,"bytes":1051537,"name":"Volume_test_backup"}]
```

可以看出 X-Account-Meta-Subject 有了定义说明，下面更新和修改这个内容。

```
# curl -i$publicURL -X POST -H "X-Auth-Token:$token" -H "X-Account-Meta-
Subject:Xiandian_Swift"
HTTP/1.1 204 No Content
Content-Length:0
Content-Type:text/html;charset=UTF-8
X-Trans-Id:txb9a3c10090f1409c94695-00573045dd
Date:Mon,09 May 2016 08:10:05 GMT
```

这时候读者可以再次查看详情。

```
# curl -i$publicURL? format=json -X GET -H "X-Auth-Token:$token"
HTTP/1.1 200 OK
Content-Length:221
X-Account-Object-Count:22
X-Account-Meta-Book:MobyDick
X-Timestamp:1457506647.35213
X-Account-Meta-Subject:Xiandian_Swift
X-Account-Bytes-Used:1051537
X-Account-Container-Count:4
Content-Type:application/json;charset=utf-8
```

```
Accept - Ranges:bytes
X - Trans - Id:tx163e64e01cd44fa08babb - 0057304606
Date:Mon,09 May 2016 08:10:47 GMT
[{"count":0,"bytes":0,"name":"BS_Dept_Private"},{"count":0,"bytes":0,
"name":"IT_Dept_Private"},{"count":0,"bytes":0,"name":"RD_Dept_Public"},
{"count":22,"bytes":1051537,"name":"Volume_test_backup"}]
```

可以看出 X - Account - Meta - Subject 已经被修改，下面来删除这个内容。

```
# curl - i$publicURL - X POST - H "X - Auth - Token:$token" - H "X - Remove - Account -
Meta - Subject:x"
HTTP/1.1 204 No Content
Content - Length:0
Content - Type:text/html;charset = UTF - 8
X - Trans - Id:tx7f9859f168fb49eca65c5 - 0057304651
Date:Mon,09 May 2016 08:12:01 GMT
```

删除完毕之后，检查删除内容。

```
# curl - i$publicURL? format = json - X GET - H "X - Auth - Token:$token"
HTTP/1.1 200 OK
Content - Length:221
X - Account - Object - Count:22
X - Account - Meta - Book:MobyDick
X - Timestamp:1457506647.35213
X - Account - Bytes - Used:1051537
X - Account - Container - Count:4
Content - Type:application/json;charset = utf - 8
Accept - Ranges:bytes
X - Trans - Id:txe019793cd2f7499ea04f2 - 0057304668
Date:Mon,09 May 2016 08:12:24 GMT
[{"count":0,"bytes":0,"name":"BS_Dept_Private"},{"count":0,"bytes":0,
"name":"IT_Dept_Private"},{"count":0,"bytes":0,"name":"RD_Dept_Public"},
{"count":22,"bytes":1051537,"name":"Volume_test_backup"}]
```

这时读者可以发现已经删除创建的账号。

③ 查看账号内容。

格式：POST/v1/{account}

用法：

```
# curl - i$publicURL - X HEAD - H "X - Auth - Token:$token"
```

```
HTTP/1.1 204 No Content
Content-Length:0
X-Account-Object-Count:22
X-Account-Meta-Book:MobyDick
X-Timestamp:1457506647.35213
X-Account-Bytes-Used:1051537
X-Account-Container-Count:4
Content-Type:text/plain;charset=utf-8
Accept-Ranges:bytes
X-Trans-Id:tx89cc5492f3fd4236bef46-00573047af
Date:Mon,09 May 2016 08:17:51 GMT
```

④ 查看容器内容、列举对象。

格式：Get/v1/{account}/{container}

用法：

```
# curl -i$publicURL? format=json -X GET -H "X-Auth-Token:$token"
HTTP/1.1 200 OK
Content-Length:221
X-Account-Object-Count:22
X-Account-Meta-Book:MobyDick
X-Timestamp:1457506647.35213
X-Account-Bytes-Used:1051537
X-Account-Container-Count:4
Content-Type:application/json;charset=utf-8
Accept-Ranges:bytes
X-Trans-Id:txe019793cd2f7499ea04f2-0057304668
Date:Mon,09 May 2016 08:12:24 GMT
[{"count":0,"bytes":0,"name":"BS_Dept_Private"},{"count":0,"bytes":0,
"name":"IT_Dept_Private"},{"count":0,"bytes":0,"name":"RD_Dept_Public"},
{"count":22,"bytes":1051537,"name":"Volume_test_backup"}]
```

解析后段的JSON格式代码可以检查到容器内容，如下所示。

```
[
    {
        "count":0,
        "bytes":0,
        "name":"BS_Dept_Private"
    },
```

```
    {
        "count":0,
        "bytes":0,
        "name":"IT_Dept_Private"
    },
    {
        "count":0,
        "bytes":0,
        "name":"RD_Dept_Public"
    },
    {
        "count":22,
        "bytes":1051537,
        "name":"Volume_test_backup"
    }
]
```

⑤ 创建容器。

格式：PUT/v1/{account}/{container}

用法：

```
# curl -i$publicURL/xiandian -X PUT -H "X-Auth-Token:$token" -H "X-Container
-Meta-Book:MobyDick"
HTTP/1.1 201 Created
Content-Length:0
Content-Type:text/html;charset=UTF-8
X-Trans-Id:txb26b66b40a6c4d11964e4-0057304bf1
Date:Mon,09 May 2016 08:36:01 GMT
```

查询当前容器列表。

```
# curl -H "X-Auth-Token:$token" $publicURL
BS_Dept_Private
IT_Dept_Private
RD_Dept_Public
Volume_test_backup
xiandian
```

⑥ 删除容器。

格式：DELETE/v1/{account}/{container}

用法：

```
# curl -i$publicURL/xiandian -X DELETE -H "X-Auth-Token:$token"
HTTP/1.1 204 No Content
Content-Length:0
Content-Type:text/html;charset=UTF-8
X-Trans-Id:tx820234e2d3854eb2a0b8e-0057304ce3
Date:Mon,09 May 2016 08:40:03 GMT
```

查询当前容器列表。

```
# curl -H "X-Auth-Token:$token" $publicURL
BS_Dept_Private
IT_Dept_Private
RD_Dept_Public
Volume_test_backup
```

⑦ 创建、更新、删除容器数据。

格式：POST /v1/{account}/{container}

用法：

a. 创建容器数据。

```
#curl -i$publicURL/xiandian -X POST -H "X-Auth-Token:$token" -H "X-Container-Meta-Author:MarkTwain" -H "X-Container-Meta-Web-Directory-Type:text/directory" -H "X-Container-Meta-Century:Nineteenth"
```

b. 更新容器数据。

```
# curl -i$publicURL/xiandian -X POST -H "X-Auth-Token:$token" -H "X-Container-Meta-Author:xiandian_swift"
HTTP/1.1 204 No Content
Content-Length:0
Content-Type:text/html;charset=UTF-8
X-Trans-Id:tx27805450d85a44e5a3b3a-005730573a
Date:Mon,09 May 2016 09:24:10 GMT
```

c. 删除容器数据。

```
# curl -i$publicURL/xiandian -X POST -H "X-Auth-Token:$token" -H "X-Remove-Container-Meta-Century:x"
HTTP/1.1 204 No Content
Content-Length:0
Content-Type:text/html;charset=UTF-8
X-Trans-Id:tx3b1c927363274ced8b92f-0057305768
Date:Mon,09 May 2016 09:24:56 GMT
```

⑧ 查看容器 Metadata 的元数据信息。

格式：HEAD/v1/{account}/{container}

用法：

如存在一个名称为 BS_ Dept_ Private 的容器，可以查询它的元数据信息。

```
# curl - i$publicURL/BS_Dept_Private - X HEAD - H "X - Auth - Token:$token"
HTTP/1.1 204 No Content
Content - Length:0
X - Container - Object - Count:0
Accept - Ranges:bytes
X - Container - Meta - Century:Nineteenth
X - Timestamp:1461118777.22888
X - Container - Meta - Author:MarkTwain
X - Container - Bytes - Used:0
X - Container - Meta - Web - Directory - Type:text/directory
Content - Type:text/plain;charset = utf - 8
X - Trans - Id:txef0bc7e765e54b1b9d00b - 0057312fad
Date:Tue,10 May 2016 00:47:41 GMT
```

接下来是关于 Object 的 API 操作。环境存在两个 Container，一个容器名称为 xiandian，另外一个为 android，两个容器内都存在一个 Object 为 swift。

⑨ 获取对象列表数据。

格式：GET/v1/{account}/{container}/{object}

用法：

```
# curl - i$publicURL/xiandian/swift - X GET - H "X - Auth - Token:$token"
HTTP/1.1 200 OK
Content - Length:0
Accept - Ranges:bytes
Last - Modified:Tue, 10 May 2016 00:55:19 GMT
Etag:d41d8cd98f00b204e9800998ecf8427e
X - Timestamp:1462841718.06502
Content - Type:application/octet - stream
X - Trans - Id:txbaf418f00a4d4bdc8e3d5 - 005731319a
Date:Tue,10 May 2016 00:55:54 GMT
```

⑩ 创建或替代对象。

格式：PUT/v1/{account}/{container}/{object}

用法：

创建对象 helloworld。

```
#curl - i$publicURL/xiandian/helloworld - X PUT - H "Content - Length:0" - H "X - Auth
 - Token:$token"
HTTP/1.1 201 Created
Last - Modified:Tue,10 May 2016 01:07:55 GMT
Content - Length:0
Etag:d41d8cd98f00b204e9800998ecf8427e
Content - Type:text/html;charset = UTF - 8
X - Trans - Id:txb84867db14ae4a0fa3d7f - 005731346a
Date:Tue,10 May 2016 01:07:54 GMT
```

⑪ 复制对象。

格式：COPY /v1/{account}/{container}/{object}

用法：

```
# curl - i$publicURL/xiandian/helloworld - X COPY - H "X - Auth - Token:$token" - H "
Destination:android/hello"
HTTP/1.1 201 Created
Content - Length:0
X - Copied - From - Last - Modified:Tue,10 May 2016 01:07:55 GMT
X - Copied - From:xiandian/helloworld
Last - Modified:Tue,10 May 2016 01:22:31 GMT
Etag:d41d8cd98f00b204e9800998ecf8427e
Content - Type:text/html;charset = UTF - 8
X - Trans - Id:tx7d3f16b415d34996a9c02 - 00573137d5
Date:Tue,10 May 2016 01:22:30 GMT
```

可以查看容器 android 下的对象列表。

```
# swift list android
hello
swift
```

⑫ 删除对象。

格式：DELETE /v1/{account}/{container}/{object}

用法：

```
# curl - i$publicURL/xiandian/helloworld - X DELETE - H "X - Auth - Token:$token"
HTTP/1.1 204 No Content
Content - Length:0
Content - Type:text/html;charset = UTF - 8
X - Trans - Id:tx33ce1bcde631404bad728 - 005731389a
```

```
Date:Tue,10 May 2016 01:25:46 GMT
# swift list xiandian
swift
```

⑬ 查看对象元数据。

格式：HEAD/v1/{account}/{container}/{object}

用法：

```
# curl -i$publicURL/xiandian/swift -X HEAD -H "X-Auth-Token:$token"
    HTTP/1.1 200 OK
    Content-Length:0
    Accept-Ranges:bytes
    Last-Modified:Tue,10 May 2016 01:07:14 GMT
    Etag:d41d8cd98f00b204e9800998ecf8427e
    X-Timestamp:1462842433.87203
    Content-Type:application/octet-stream
    X-Trans-Id:tx88d3ff38392c4e609b7d6-00573138df
    Date:Tue,10 May 2016 01:26:55 GMT
```

⑭ 创建或更新对象元数据。

格式：POST/v1/{account}/{container}/{object}

用法：

a. 创建对象元数据。

```
# curl -i$publicURL/xiandian/swift -X POST -H "X-Auth-Token:$token" -H HTTP/
1.1 202 Accepted
Content-Length:76
Content-Type:text/html;charset=UTF-8
X-Trans-Id:tx8a37942419794e718f02f-0057313fac
Date:Tue,10 May 2016 01:55:57 GMT
<html><h1>Accepted</h1><p>The request is accepted for processing.</p></html>
```

b. 更新元数据。

```
# curl -i$publicURL/xiandian/swift -X POST -H "X-Auth-Token:$token" -H "X-
Object-Meta-Book:GoodbyeOldFriend"
HTTP/1.1 202 Accepted
Content-Length:76
Content-Type:text/html;charset=UTF-8
X-Trans-Id:tx412c51736b904b589009f-005731409b
Date:Tue,10 May 2016 01:59:55 GMT
```

任务5-4　测试 OpenStack Swift SDK

1. 相关知识

对云存储服务、云存储 HTTL RESTful APIS 有了了解之后，读者要进行云存储的编码开发，首先选择对 HTTP RESTful APIS 封装好的开源 SDK。为了学习 SDK 的运行机制，本书采用重新编译源码，进行代码测试，了解网络调用的基本机制。

首先进入 OpenStack 官方网站，找到 SDK 页面，网址为 https://wiki.openstack.org/wiki/SDKs。

看到信息“Software Development Kits”。目前，OpenStack SDK 有多种语言，其中支持 Java 的 SDK 有以下几种。

① Apache jclouds：是开源 Java 的云平台开发工具包。目前支持 AWS、Rackspace、OpenStack、CloudStack 等多个云平台的接入和操作，有丰富的文档。目前还在维护更新。网址为 http://jclouds.apache.org/。

② OpenStack4j：OpenStack 的 Java 客户端接入的 SDK 支持 OpenStack 认证、计算、镜像、网络、块存储、监控、数据处理等多个模块的接口操作。网址为 http://www.openstack4j.com/。文档比较丰富。

③ OpenStack-Java-SDK：也是 OpenStack 的 Java 客户端开发 APIS 操作的 SDK。网址为 https://github.com/woorea/openstack-java-sdk。近一年更新较少，文档资源相对缺少。

④ User Registration Service：基于 OpenStack-Java-SDK 开发的服务端的用户注册服务。

⑤ JOSS（Java OpenStack Storage）：基于 OpenStack-Java-SDK 开发的 Swift 云存储的 APIS SDK。

其中支持 Android 的 SDK 有 OpenStackIntegration，这个是基于 OpenStack-Java-SDK 开发的 Swift 云存储的 Android 客户端来实现的。该案例是云存储客户端开发很好的参考案例，目前还在维护。

本书选择相对比较新的版本，同时下载源代码包，进行调试和编译以便更好地理解 SDK 的实现，如图 5-4-1 所示。

目前资源已经下载好，读者可以直接使用。

2. 实现步骤

① 打开 Android Studio，新建一个模块（Module），在 New Module 界面中选择 Java Library 选项，如图 5-4-2 所示。

② 在 Java Library 界面的 Library name 文本框中输入 Java Library 的名字“openstack-java-jdk”，并在 Java class name 文本框中输入 Java 类的名字“MyClass”，如图 5-4-3 所示。

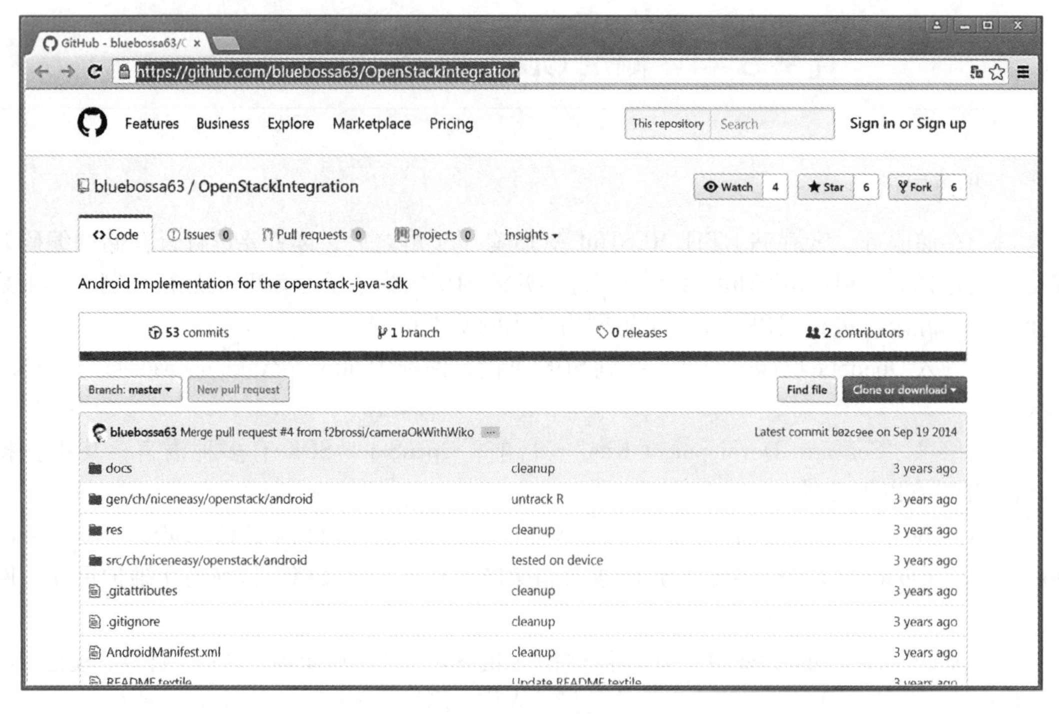

图 5-4-1　下载源代码包

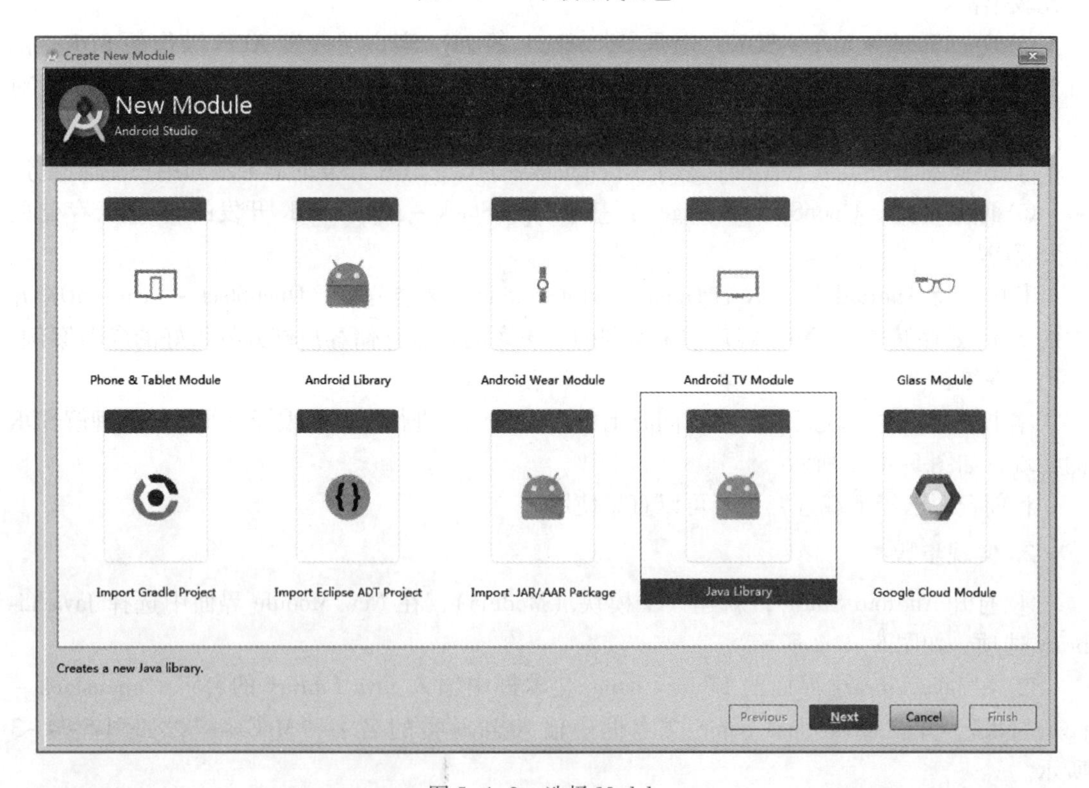

图 5-4-2　选择 Module

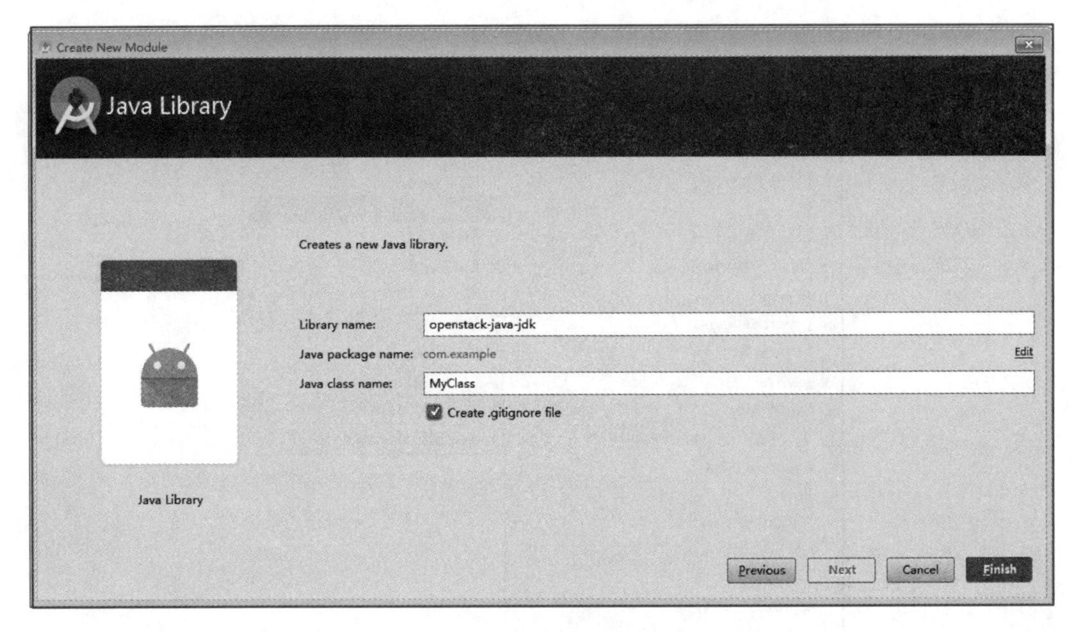

图 5-4-3　设置类名

③ 复制所下载的 SDK 源代码到所建模块，如图 5-4-4 所示。

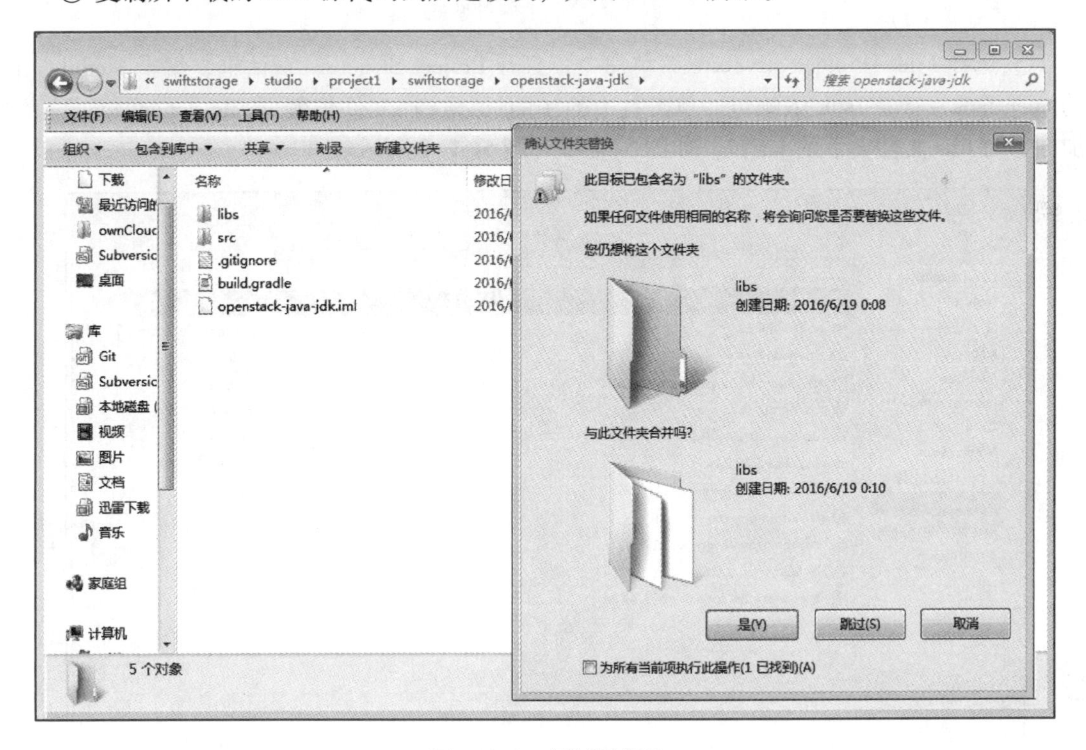

图 5-4-4　复制源代码

④ 打开项目 Swiftstorge，选择 File→New→Import Module 菜单命令，把刚才所建的 Module 导入项目，如图 5-4-5 所示。

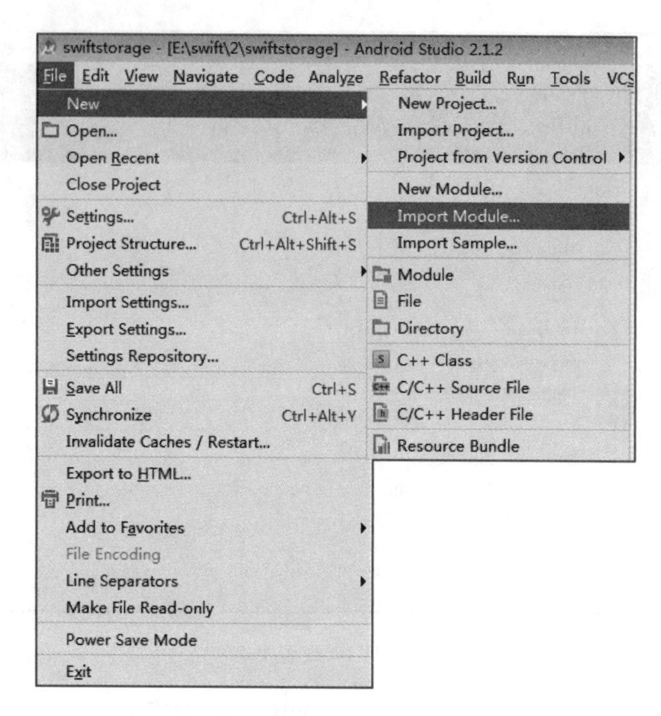

图 5-4-5　导入 Module

⑤ 选择 File→Project Structure 菜单命令，打开 Project Structure 对话框，编辑 Modules 下的 openstack - java - sdk 依赖包，单击右边的 + 图标，选择文件依赖（File dependency），添加内容为 libs 文件夹下的 jar 包，如图 5-4-6 和图 5-4-7 所示。

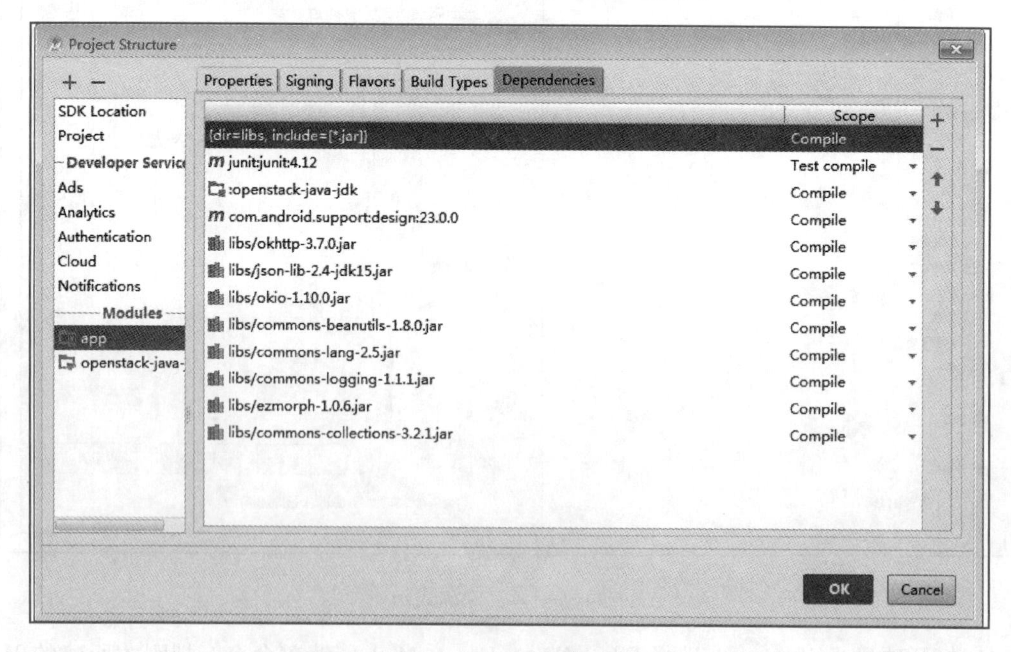

图 5-4-6　设置依赖

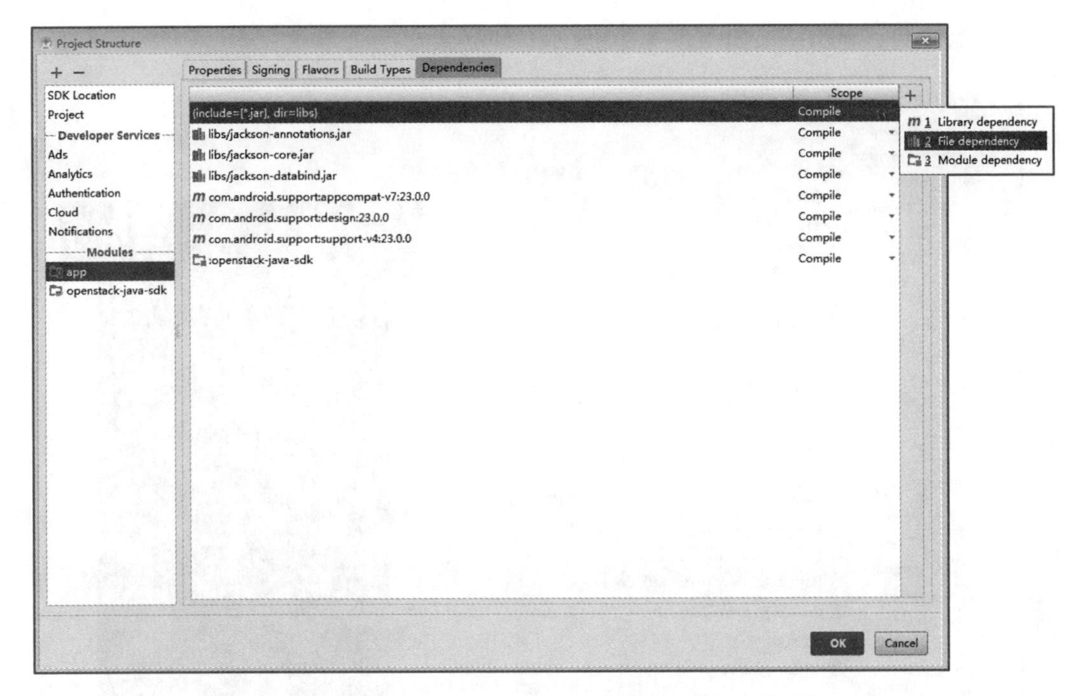

图 5-4-7　选择文件依赖（File dependency）

⑥ 选择所导入的模块 openstack - java - sdk 为依赖模块，如图 5-4-8 所示。

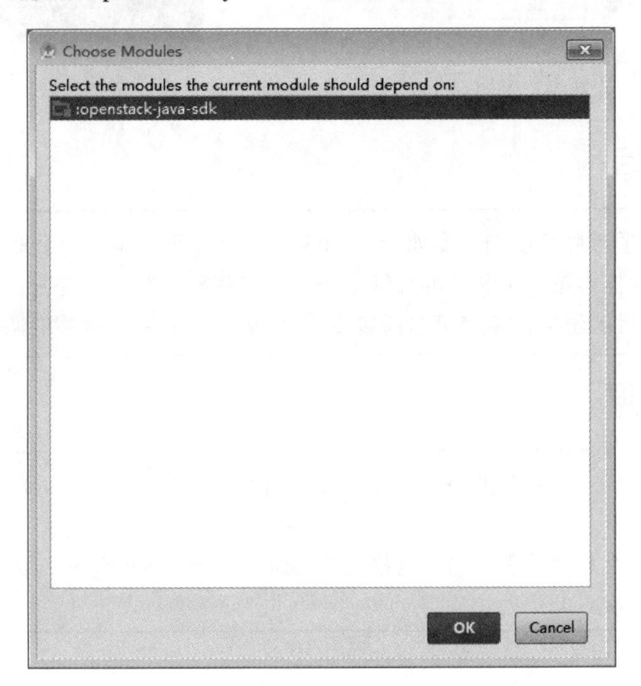

图 5-4-8　选择依赖模块

⑦ 右击所添加模块 libs 目录下的 jar 包，在弹出的快捷菜单中选择 Add As Library 命令，如图 5-4-9 所示。

⑧ 运行项目，显示结果如图 5-4-10 所示，即测试成功。

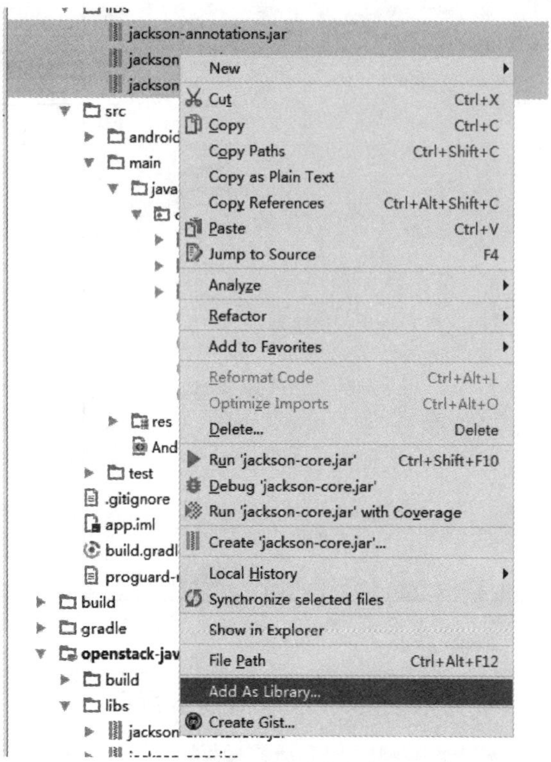

图 5-4-9　添加为库

图 5-4-10　成功运行结果

项目总结

读者学习完本项目后可以知道 Swift 是一个可扩展的、冗余的、对象存储引擎，可以存储 PB 级以上的可用数据，是一个长期的存储系统，可以获得、调用、更新一些静态的永久性数据。同时通过本项目的学习，读者可以搭建 Swift 服务，同时完成对外的通行。

拓展实训

（1）OpenStack Swift 平台的搭建。根据本章所学到的知识搭建 Swift 平台，查看各个命令的作用并记录。

（2）去 GitHub 上寻找是否有可以替换当前 OpenStack Swift SDK 的架包，如有进行 SDK 测试。

第三部分 / 项目实现篇

▶以下部分是在基础篇所做的基本界面框架的基础上完成的具体功能。此部分完成主要功能，其他功能放在扩展和提高里面，有余力的同学可以自主学习。

项目 6

登录注册模块

学习目标

本项目主要完成以下学习目标。

- 实现登录功能。
- 实现注册功能。

项目描述

在前面项目 4 的界面基础上，同时根据项目 5 中导入的 OpenStack Swift SDK 项目包所提供的 Service 类中的 login( ) 和 register( ) 方法及 Android 组件的使用来实现登录功能与注册功能。

任务 6-1 实现登录功能

1. 功能需求

账号的用户名为 gw001，密码是 000000。登录功能流程如图 6-1-1 所示。

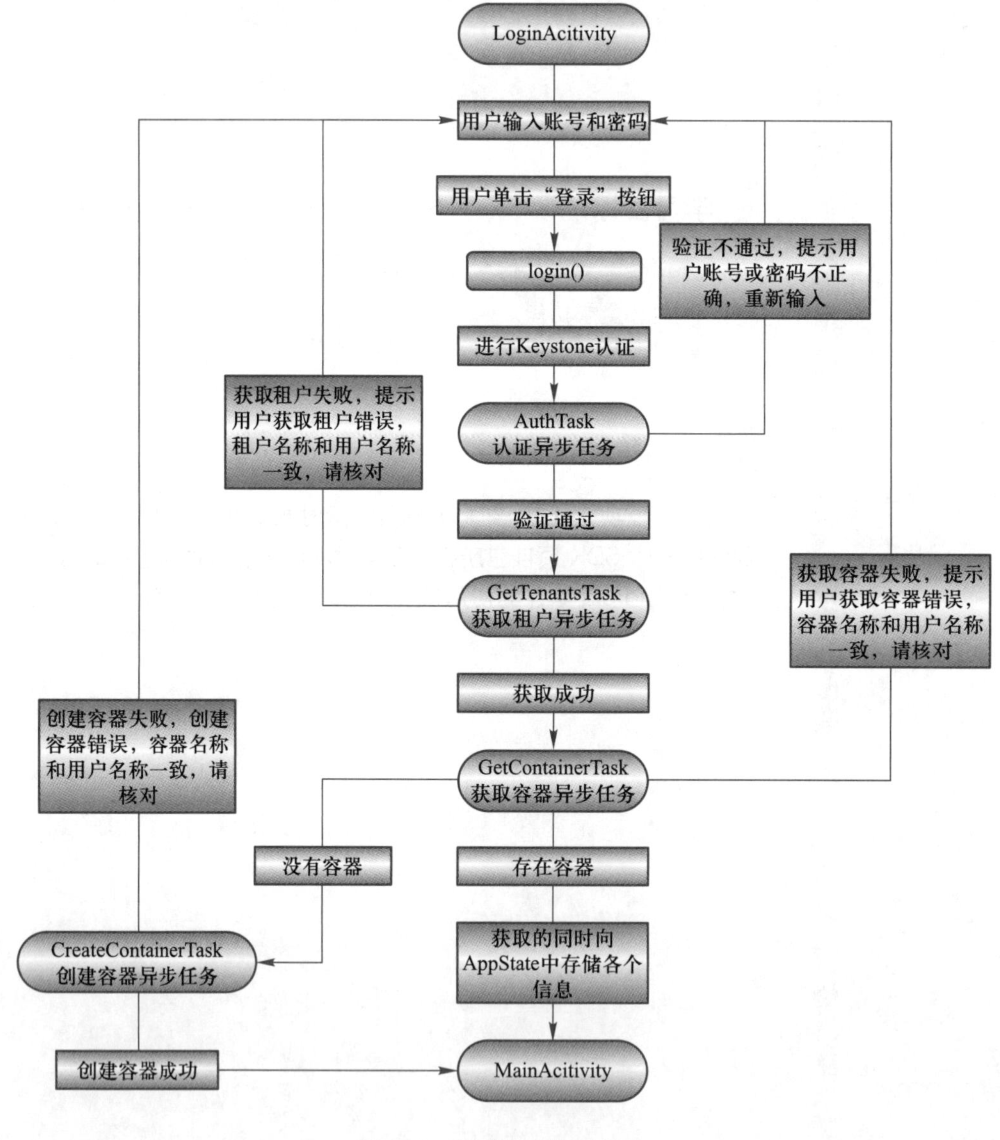

图 6-1-1　登录功能流程图

（1）视图层，界面实现

根据原型图设计并实现登录界面，原型图如图 6-1-2 所示。

(2) 控制层，用户登录输入处理

单击登录界面的“登录”按钮之后，处理用户在文本框中输入的用户名和密码。

(3) 服务层，用户信息后台登录验证

根据对前面 SDK 的了解，读者已经了解到 Keystone 服务负责用户的认证和授权。这里调用 Keystone 的认证，传递的参数为用户名和密码。

(4) 控制层，认证返回结果处理

认证返回值处理。认证可能的情况有如下几种。

① 没有联网，服务不能访问，提示用户联网。

② 账户和密码都正确，验证通过，自动登录，展示网盘主窗口。

③ 账户不正确，验证不通过，提示用户重新输入账户和密码。

④ 密码不正确，验证不通过，提示用户重新输入账户和密码。

⑤ 连续输入 3 次不正确，提示用户找回密码，通过邮件的方式找回。

2. 实现步骤

(1) 导入项目

运行 Android Studio，选择 File→Open 菜单命令，打开 Open File or Project 对话框，在路径中选择 project64 目录下面的 swiftstorage 项目，如图 6-1-3 所示。

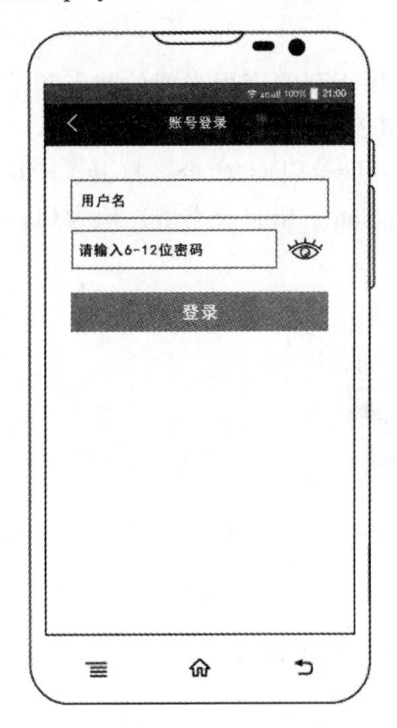

图 6-1-2　登录界面原型图

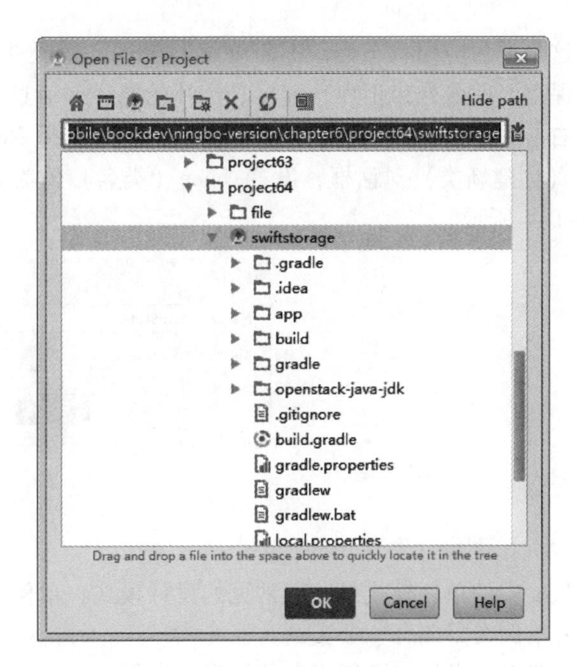

图 6-1-3　导入项目

(2) 界面实现

登录界面包含 6 个组件，从上到下依次为图标（ImageView）、用户输入框（EditText）、密码输入框（EditText）、“登录”按钮（Button）、“注册”按钮（TextView）及最下面一个进度条（ProgressBar）。几个组件的说明见表6-1。

表 6-1 登录相关组件

组 件	作 用	ID
ImageView	图标	imageLogo
EditText	用户名输入框	txtUsername
EditText	密码输入框	txtPassword
Button	“登录”按钮	btnLogin
TextView	“注册”按钮	register
ProgressBar	显示登录进度的进度条	servicesProgressBar

此布局的路径为 app\src\main\res\layout\login. xml。

（3）实现登录视图 LoginActivity

Activity 所在路径为 app\src\main\java\com. xiandian. OpenStack. cloud. swiftstorage\ LoginActivity. java。

LoginActivity. java 的实现在前面的章节中详细介绍过，接下来有关登录的方法都是在此 Java 类中实现的。

（4）添加 AppState 类

这个类为应用状态类，不需要编写界面。此类主要用于存储应用当前的状态和单个实例，保存当前账号、租户、容器、选择的路径等信息。其实现过程如下。

右击项目根目录，在弹出的快捷菜单中选择 New→Java Class 命令，打开 Create New Class（创建新类）对话框，设置 Name（类名）值为 AppState、Kind（类型）值为 Class，如图 6-1-4 所示。

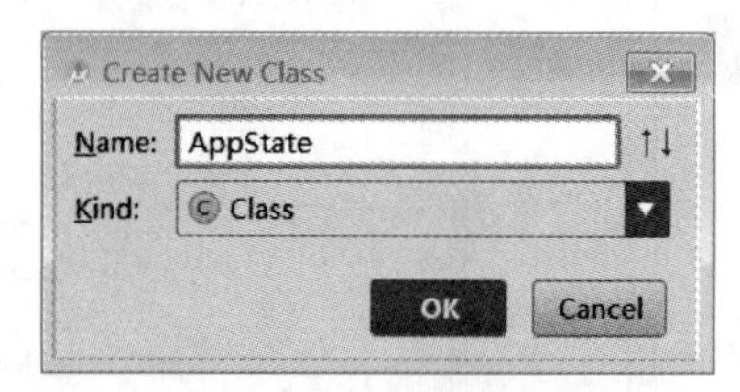

图 6-1-4 新建 AppState 类

（5）单例设计模式

Java 中的单例模式是一种常见的设计模式，单例模式有以下特点。

- 单例类只能有一个实例。
- 单例类必须自己创建自己的唯一实例。
- 单例类必须给所有其他对象提供这一实例。

单例模式确保某个类只有一个实例，而且自行实例化，并向整个系统提供这个实例。在计算机系统中，线程池、缓存、日志对象、对话框、打印机、显卡的驱动程序对象常被设计成单例。

（6）调用 OpenStackClientService 实现登录验证

增加 login()方法，该方法通过调用 OpenStackClientService 进行验证，具体内容如下。

```
/**
 * 登录。步骤包括认证、获得租户、根据租户获得容器、根据容器获得对象。
 */
public void login() {
    //重新获取用户信息
    userName = txtUsername.getText().toString().trim();
    userPassword = txtPassword.getText().toString().trim();
    OpenStackSwiftIP = AppState.getInstance().getOpenStackIP().trim();

    //设置用户名、租户名、容器名、回收站容器名称
    tenantName = userName;          //目前环境用户名称和租户名称一致
    containerName = tenantName;  //目前主容器和租户名称一致
    garbageContainerName = "garbage_" + containerName;       //目前回收站容器在
主容器名称前

    //获取 OpenStackClientService 服务,并初始化
    String keystoneAuthUrl = "http://" + OpenStackSwiftIP + ":5000/v2.0";
    OpenStackClientService service = OpenStackClientService.getInstance();
    service.setKeystoneAuthUrl(keystoneAuthUrl);
    service.setKeystoneAdminAuthUrl(keystoneAuthUrl);
    service.setKeystoneEndpoint(keystoneAuthUrl);
    service.setOpenStackIP(OpenStackSwiftIP);

    service.setTenantName(tenantName);
    service.setKeystoneUsername(userName);
    service.setKeystonePassword(userPassword);

    //认证异步任务
    AuthTask authTask = new AuthTask();
    authTask.execute();
}
```

代码说明，对应参考注释如下。

- 读取用户输入的用户名和密码。
- 租户、用户、容器名称和用户名默认一样，后台 Swift 服务进行对应。
- 获取 OpenStackClientService，并对 OpenStack 的 Keystone 认证服务 keystone 认证 Url、

服务器地址、容器、用户和密码进行初始化。

- 完成以上操作，定义一个异步类 AuthTask 来进行访问后台认证和存储服务。访问认证和存储通过 Restful Http 调用完成，需要通过启动异步任务，并监控执行结果。

下面再定义 AuthTask 内部类，AuthTask 实现接口 AsyncTask。前面已经介绍过 AsyncTask 异步任务，步骤如下。

a. 用户认证，首先获得 Keystone 服务，然后获得访问许可，代码如下。

```
Keystone keystone = service. getKeystone( ) ;
Access access = service. getAccess( ) ;
```

根据反馈情况，进行处理。如果认证成功，获取租户。

b. 获取租户，代码如下。

```
OpenStackClientService osServcie = OpenStackClientService. getService( ) ;
Tenant tenant = osServcie. getTanet( ) ;
```

c. 获取租户之后，获取同用户名称一致的容器，代码如下。

```
OpenStackClientService osServcie = OpenStackClientService. getService( ) ;
Container container = osServcie. getContainer( containerName) ;
```

d. 如果能正常获得容器，则创建 Intent，进入主视图 MainActivity，代码如下。

```
ntent intent = new Intent( LoginActivity. this,MainActivity. class) ;
startActivity( intent) ;
```

e. 如果容器不存在，系统错误，提示用户容器不存在，联系管理人员。

以上网络 HTTP 请求完成，需要放在异步任务中实现，这里全部使用封装各自的内部类实现。

目前，Swift 服务通过注册或后台直接创建，因此不应该出现不对应容器的情况。一旦出现，可能是远程后台操作少了步骤或者系统出现错误。因此这里的客户端默认不进行创建，发现容器不在的情况，由系统管理员做人工处理。

AsyncTask 是 Android 默认提供的异常处理机制，OpenStack SDK 的实现方式是 HTTP Connect，实质是启动了一个现场 Thread 完成 HTTP 请求，代码重复量稍大。读者可以查阅相关的替代方案，包括 OkHttp、Volley、Retrofit 等。

至此就已完成登录认证的视图、控制和服务访问的代码。

（7）修改启动 Activity 设置

首先启动 LoginAcitivity，打开 Android 的配置文件 app\manifest\AndroidManifest. xml，将 Login 设置为启动 Activity。

代码如下。

```
<activity android:name = ". LoginActivity"
    android:label = "@ string/app_name"
```

```
        android:theme = "@android:style/Theme.Holo.Light.NoActionBar.Fullscreen"
    android:windowSoftInputMode = "stateHidden|adjustResize">
        <intent-filter>
            <action android:name = "android.intent.action.MAIN"/>
            <category android:name = "android.intent.category.LAUNCHER"/>
        </intent-filter>
        </activity>
    </application>
```

注意：通过设置视图 Activity 的 <intent-filter> 中的配置让 LoginActivity 默认启动第一个视图。

```
<action android:name = "android.intent.action.MAIN"/>
<category android:name = "android.intent.category.LAUNCHER"/>
```

3. 功能执行及测试

（1）执行效果

在工具栏中单击 app 下拉按钮，在下拉菜单中选择 app；单击工具栏中的 ▶ 按钮，运行程序。在登录界面的文本框中分别输入已经注册好的用户名和密码（用户名为 gw001、密码为 000000），单击“登录”按钮，如图 6-1-5 所示。

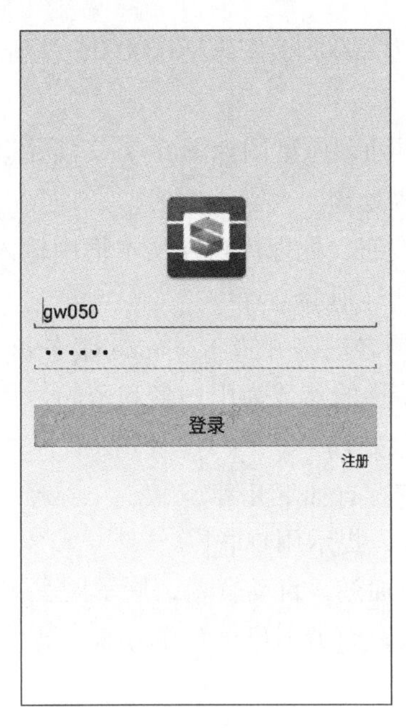

图 6-1-5 执行启动的效果图

（2）手工测试

测试的场景（TestCase）见表 6-2，读者可以编写单元测试或者自己手工测试。

表 6-2 测试用例表

编号	测试场景	输入参数	预期结果
1	用户名称和密码都正确	Username：gw001 Password：000000	登录成功，进入 MainActivity
2	用户名称正确，密码错误	Username：gw001 Password：错误	登录不成功，提示用户名或密码错误，请重新输入
3	用户名称错误，密码可以任意	Username：错误 Password：任意	登录不成功，提示用户名或密码错误，请重新输入
4	用户名称为空，密码任意	Username：无 Password：任意	提示用户名称不能为空，请重新输入
5	用户名称任意，密码为空	Username：任意 Password：无	提示用户密码不能为空，请重新输入

经过测试，合法用户能够正常登录，非法用户则被阻止。至此，本项目已经实现了登录功能的开发。

任务 6-2 实现注册功能

1. 功能需求

已知需要注册的账号用户名为 gw002 ，密码是 000000，注册功能的流程图如图 6-2-1 所示。

（1）视图层，界面实现

根据原型图设计实现登录界面，原型图如图 6-2-2 所示。

（2）控制层，用户注册输入处理

单击登录界面的“注册”按钮，处理用户在文本框中输入的用户名和密码。

（3）服务层，用户信息后台注册验证

根据对前面 SDK 的了解，读者已经知道 Keystone 服务负责用户的认证和授权，这里调用 Keystone 的创建租户信息，传递的参数为用户名和密码。

（4）控制层，认证返回结果处理

认证返回值处理，可能的情况有如下几种。

- 没有联网，服务不能访问，提示用户联网。
- 账户和密码都正确，注册通过，自动登录，展示网盘主窗口。
- 账户已存在，注册不通过，提示用户重新输入账户和密码。

2. 实现步骤

① 导入项目。

运行 Android Studio，选择 File→Open 菜单命令，打开 Open File or Project 对话框，在路径中选择 project61 目录下面的 swiftstorage 项目。

② 界面实现。

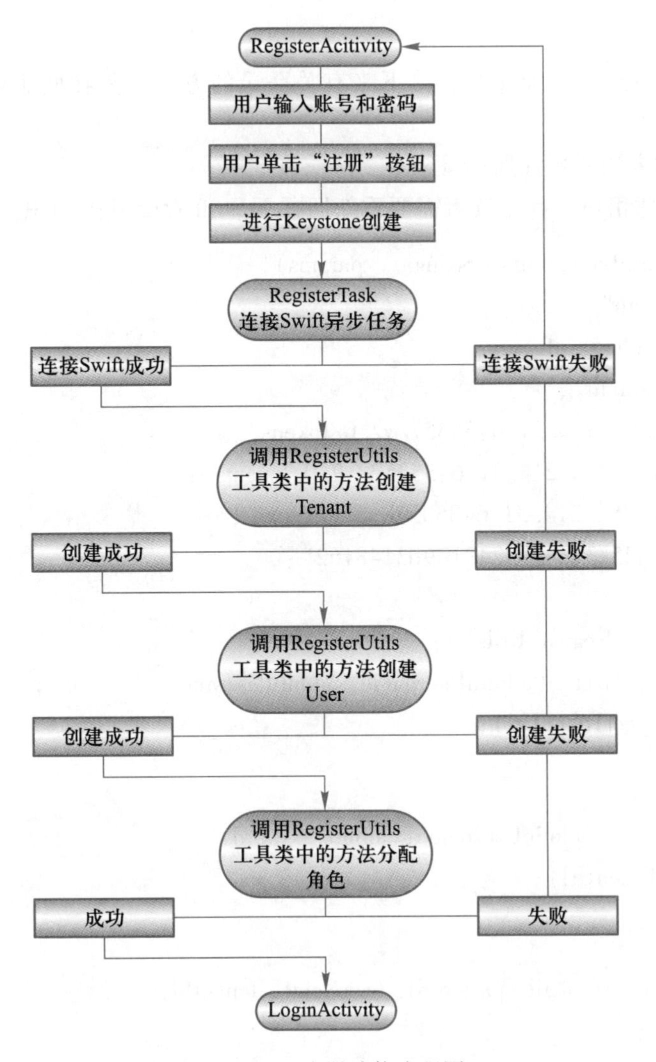

图 6-2-1　注册功能流程图

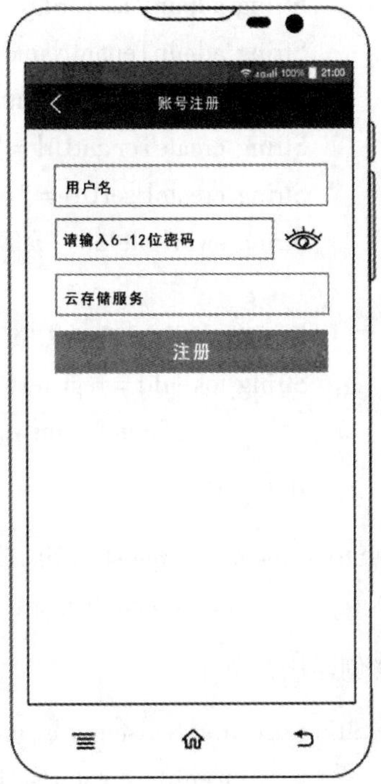

账号注册
用户名
请输入6-12位密码
云存储服务
注册

图 6-2-2　注册界面原型图

注册界面包含的组件从上到下依次为用户输入框（EditText）、密码输入框（EditText）、“注册”按钮（Button），具体说明见表 6-3。

表 6-3　注册界面组件

组　　件	作　　用	ID
EditText	用户名输入框	txtUsername
EditText	密码输入框	txtPassword
Button	“注册”按钮	btnLogin

此布局的路径为 app\src\main\res\layout\login. xml。

③ 注册视图 RegisterActivity。

此 Activity 的所在路径为 app\src\main\java\com. xiandian. OpenStack. cloud. swiftstorage\

RegisterActivity. java。

此处的登录视图在前面的章节中已经详细介绍，接下来有关登录的方法都是在此 Java 类中实现的。

④ 调用 RgisterUtils 工具类中的方法实现注册验证。

首先连接 Swift，连接成功后创建租户。此处读者需要重新回顾下 Swift 存储基础知识。

```
protected TaskResult < String > doInBackground( String... params) {
    String adminUsername = "admin";
    String adminPassword = "XiandianSwift";
    String adminTenantName = "admin";
    String getTokenUrl = "http://58.214.31.6:35357/v2.0/tokens";
    String createTenantUrl = "http://58.214.31.6:35357/v2.0/tenants";
    String createUserUrl = "http://58.214.31.6:35357/v2.0/users";
    String swiftRoleId = "faf8812d25e34de9b82421d9d3148162";

    RegisterUtils registerUtils = new RegisterUtils();
    String tokenId = registerUtils.getToken( adminUsername, adminPassword,
            adminTenantName, getTokenUrl);
```

创建租户如下。

```
String tokenId = registerUtils.getToken( adminUsername, adminPassword,
        adminTenantName, getTokenUrl);
```

创建用户如下。

```
String userId = registerUtils.createUser( email, password, userName, tenantId,
        tokenId, createUserUrl);
```

分配角色如下。

```
String bindRoleUrl = "http://58.214.31.6:35357/v2.0/tenants/"
        + tenantId + "/users/" + userId + "/roles/OS - KSADM/"
        + swiftRoleId;
boolean flag = registerUtils.bindRole( tokenId, bindRoleUrl);
```

⑤ 启动注册 Activity 设置。

```
register.setOnClickListener( new OnClickListener() {
@Override
public void onClick( View v) {
    Intent intent = new Intent( LoginActivity.this, RegisterActivity.class);
    startActivity( intent);
```

```
        }
    });
```

3. 功能执行及测试

在工具栏中单击 app 下拉按钮，在下拉菜单中选择 app；单击工具栏中的 ▶ 按钮，运行程序。在注册界面的文本框中分别输入需要注册的用户名和密码（用户名为 gw002、密码为 000000），单击“注册”按钮，如图 6-2-3 所示。

图 6-2-3 执行启动的效果图

项目总结

本项目完成之后，读者就能够利用 Swift 云存储 SDK 完成用户的登录和注册功能了。通过本项目的学习，读者会对 Swift 云存储中的容器、租户等相关概念有更深入的了解，这有助于后面的学习。

拓展实训

（1）输入验证开发练习。查阅 Swift 服务的用户名称和密码设置是否有字符限制？如\、/是否允许输入？如果有字符限制，则在客户端的用户输入框进行提示，提示用户不能输入某些字符。如果没有限制，则对密码设置强度进行规定，要求至少 6 个字符，字符必须是字母和数字组合。

（2）用户注册时加上特殊符号限定，特殊符号如/、\、? 等。

项目 7

文件浏览模块

学习目标

本项目主要完成以下学习目标。

- 实现文件列表视图。
- 实现图片分类展示。
- 实现内容列表排序。
- 实现存储内容搜索。
- 实现列表项选择控制。

项目描述

在前面介绍的界面基础上，已注册用户登录到 Swift 服务后，根据导入的 OpenStack Swift SDK 项目包所提供的 Service 类中的 getObject( ) 和 search( ) 方法及 Android 组件的使用来实现文件列表视图、图片分类展示、排序、搜索、选择控制的功能。

任务 7-1 实现文件列表视图

用户登录完成后，需要显示所有文件，具体操作流程如图 7-1-1 所示。

图 7-1-1 展示所有文件流程图

1. 功能需求

（1）视图层，界面实现

根据原型图设计实现展示所有文件界面，原型图如图 7-1-2 所示。

界面显示所有文件夹和文件，以文件名称正序排序，文件夹在上，文件在下。视图中的每一项都包含一个文件图标、文件名、文件修改时间、文件大小及一个选择文件复选框。

（2）控制层，触发展示所有文件

登录成功后，自动进入展示所有文件视图。选择侧滑菜单（DrawerLayout）中的“所有”命令，跳转至展示所有文件视图。

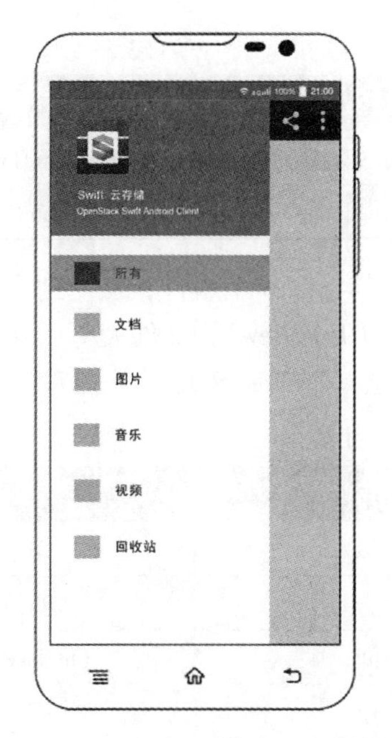

图 7-1-2　展示所有文件界面原型图

（3）服务层，获取文件

获取当前账号的云存储所有对象，将获取到的云存储对象转换为本地模拟文件系统，将本地模拟文件系统转换为 FileData。

（4）控制层，文件返回结果处理

获取成功，填充 ListView，刷新适配器（Adapter），显示所有文件。获取失败，提示获取文件失败信息“获取容器对象错误”。

2. 实现步骤

（1）导入项目

运行 Android Studio，选择 File→Open 菜单命令，打开 Open File or Project 对话框，在路径中选择 project65 目录下面的 swiftstorage 项目。

（2）界面实现

根据展示所有文件视图的界面原型设计，需要使用碎片（Fragment）布局文件 fragment_main. xml 和适配器布局文件 main_list_item. xml。

布局文件路径为 app\src\main\res\layout\fragment_main. xml 和 app\src\main\res\layout\main_list_item. xml。

fragment_main. xml 布局文件中包含一个列表视图（ListView）和两个按钮（Button）。其中，一个“确定”按钮，一个“取消”按钮，用于移动文件操作。控件列表见表 7-1。

表 7-1　控件列表

组　　件	作　　用	ID
ListView	所有文件列表	main_list_root

续表

组　件	作　用	ID
Button	“确定”按钮（隐藏）	btnConfirm
Button	“取消”按钮（隐藏）	btnCancel

文件列表 Item 布局 main_list_item. xml 文件，其包含 6 个组件，从左到右依次为文件图标（ImageView）、文件名（TextView）、修改时间（TextView）、文件大小（TextView），以及最右边的一个复选框（CheckBox）和隐藏的进度条（ProgressBar）。见表 7-2。

表 7-2　控件列表

组　件	作　用	ID
ImageView	文件图标	file_icon
TextView	文件名	file_name
TextView	修改时间	file_lastModified
TextView	文件大小	file_size
CheckBox	复选框	file_checked
ProgressBar	下载进度条（隐藏）	down_pb

（3）构建本地的文件系统

- 定义 SFile 接口：用来模拟文件系统的 File Java 接口（参考 Java File）。该接口定义了相关的操作，包括获取节点下的目录、获取文件等。
- 增加 OSSFile 类：模拟文件系统的 File 节点的实现（代表单个文件）。
- 增加 OSSFileSystem 类：封装模拟文件系统的一个节点（代表目录）。

对于云存储对象，默认每个对象都是一样的，没有目录和文件的区分，都是一个 Path。每个 Path 都有对应的数据和属性。

这里模拟封装了的文件系统。一个文件系统有 Root（根，代表整个树）的树形结构，有目录和文件之分，目录和文件都有树形结构。当前节点有 Parent、Children 和 Children 包括的文件或目录。具体实现代码参照资源代码。

（4）在 MainFragment 中完成操作

此 MainFragment 类的路径为 com. xiandian. OpenStack. cloud. swiftstorage. fragment. MainFragment。

展示所有文件视图在前面的章节中已经详细介绍过，接下来有关展示所有文件的变量都是在此 Java 类中实现，见表 7-3。

表 7-3　变量说明

变 量 名	作　用
Context context	容器
LinearLayout fileActionBar	操作、确定和取消、默认隐藏、有操作显示

续表

变量名	作用
Button btnConfirm	“确定”按钮
Button btnCancel	“取消”按钮
SwipeRefreshLayout fileListSwipe	下拉刷新
ListView fileListView	文件视图列表
SFileListViewAdapter fileListViewAdapter	文件列表视图适配器
List <SFileData> fileListData	文件列表填充数据
int downid	下载的 ID
ProgressBar progressBar	进度条

实现展示所有文件功能，首先通过 OpenStackClientService. getInstance()获取云存储服务，通过云存储服务，获得当前容器的对象 Objects；然后把云存储对象转换为模拟本地文件系统（SFile）的形式保存；最后根据模拟的本地文件系统填充至 ListView，刷新适配器（Adapter）并显示。

具体实现如下。

在 onCreateView 方法中添加获取云存储对象的代码：

```
GetOSSObjectsTask getOSSObjectsTask = new GetOSSObjectsTask();
getOSSObjectsTask.execute();
```

获取 OpenStack 接口服务如下。

```
private OpenStackClientService getService() {
    return OpenStackClientService.getInstance();
}
```

获取云存储服务，可以安排一个线程任务进行操作，当任务执行完毕后，如果数据有效，则转换读取的数据为文件系统对象；如果出错，则返回登录界面。

获取云存储的对象如下。

```
private class GetOSSObjectsTask extends AsyncTask<String, Object, TaskResult<Objects>> {
//后台线程任务
  protected TaskResult<Objects> doInBackground(String... params) {
  }
  //返回数据进行处理
  protected void onPostExecute(TaskResult<Objects> result) {
  }
}
```

根据当前选择目录转换成 ListData，填充适配器。

获得数据后，首先清空原有的列表信息，然后分别用目录和文件填充两个列表集合，在填充的过程中用循环完善文件的基本信息，具体代码见 setFileListData 方法。

```
private void setFileListData( ) {
}
```

填充“所有”的 ListView 对应的 Adapter 里面的集合，填充完成后刷新视图。

准备好数据后，就可以将数据填充到数据适配器中，同时调用 MainActivity 改变 Toolbar 的路径信息。

```
private void fillListView( ) {
}
```

3. 功能执行及测试

（1）执行效果

在工具栏中单击 app 下拉按钮，在下拉菜单中选择 app；单击工具栏中的 ▶ 按钮，运行程序。登录成功后进入展示所有文件界面。在侧滑菜单中选择“所有”命令，打开所有文件列表，效果如图 7-1-3 所示。

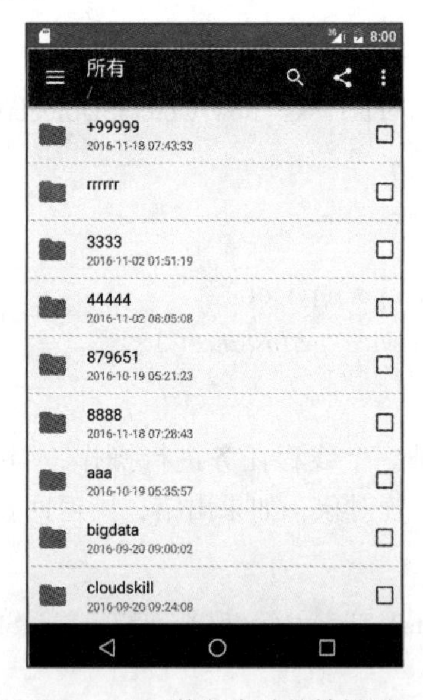

图 7-1-3　执行启动的效果图

（2）手工测试

测试的场景（TestCase）见表 7-4，读者可以编写单元测试或者自己手工测试。

表 7-4　测试场景

编号	测试场景	输入参数	预期结果
1	登录成功后	单击“登录”按钮	登录成功，进入 MainActivity 显示所有文件

续表

编号	测试场景	输入参数	预期结果
2	登录成功后，切断网络连接	选择侧滑菜单中的“所有”命令	提示“网络连接错误”

任务7-2　实现图片分类展示

在分类菜单中选择图片后会显示图片列表。选择不同视图后会按照对应视图格式显示图片列表。具体实现流程图如图7-2-1所示。

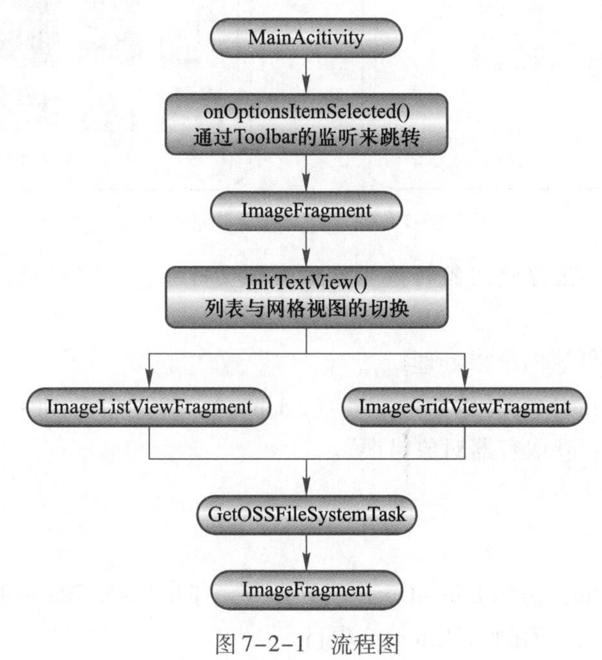

图7-2-1　流程图

1. 功能需求

（1）视图层，界面实现

根据原型图设计并实现展示所有图片界面，具体原型图如图7-2-2所示。

视图显示当前账户所有的图片文件，以文件名正序排序。视图最上方有两个按钮，分别为“列表视图”和“网格视图”，单击相应的按钮可以切换视图。

图片列表视图与project71中的展示所有列表视图相同，两者共用同一个文件。

图片网格视图中的每一项都包含一张图片缩略图和一个文件名。

（2）控制层，分类展示图片

选择侧滑菜单（DrawerLayou）中的“图片”命令，显示图片列表视图。单击图片列表视图上方的“网格视图”按钮，显示图片网格视图。

（3）服务层，获取文件

侧滑菜单监听事件接收到请求信息，跳转到图片列表视图，获取当前账号的云存储所有

图 7-2-2 图片分类展示界面原型图

图片对象，将获取到的云存储对象转换为本地模拟文件系统，将本地模拟文件系统转换为 FileData。

（4）控制层，文件返回结果处理

获取成功，填充 ListView，刷新适配器（Adapter），显示所有图片文件。获取失败，提示获取文件失败信息“获取容器对象错误”。

2. 实现步骤

（1）导入项目

运行 Android Studio，选择 File→Open 菜单命令，打开 Open File or Project 对话框，在路径中选择 project71 目录下面的 swiftstorage 项目。

（2）界面实现

根据图片分类展示视图的界面原型设计，需要使用一个布局文件 img_video. xml、一个碎片布局文件 fragment_main. xml 及其适配器布局文件 main_list_item. xml、一个网格视图布局文件 img_videogridview. xml 及其适配器布局文件 grad_item. xml。

img_video. xml 布局文件中包含一个列表视图文本框（TextView）、一个网格视图文本框（TextView）和一个视图滑动切换工具（ViewPager），见表 7-5。

表 7-5 控件列表

组　件	作　用	ID
TextView	单击显示图片列表视图	tv_tab_1
TextView	单击显示图片网格视图	tv_tab_2
ViewPager	滑动切换列表网格视图	vPager

fragment_main. xml 及 main_list_item. xml 文件在前一任务中有详细讲解，具体请参见任务7-2。

img_videogridview. xml 布局文件中包含一个网格视图（GridView），见表7-6。

表7-6　控件列表

组　件	作　用	ID
GridView	图片网格视图显示	img_video

grad_item. xml 布局文件中包含一个图像视图（ImageView）和一个文本框（TextView），见表7-7。

表7-7　控件列表

组　件	作　用	ID
ImageView	显示图片缩略图	img_bitmap
TextView	显示图片文件名称	img_name

（3）扩展图片列表视图 ImageListViewFragment

此 ImageListViewFragment 类的路径为 com. xiandian. OpenStack. cloud. swiftstorage. fragment. ImageListViewFragment。

展示所有文件视图在前面的章节中已经详细介绍过，接下来有关图片列表视图展示的变量都在此 Java 类中实现，见表7-8。

表7-8　变量说明

变　量　名	作　用
Context context	容器
SwipeRefreshLayout fileListSwipe	下拉刷新
ListView fileListView	文件视图列表
SFileListViewAdapter fileListViewAdapter	文件列表视图适配器
List <SFileData> fileListData	文件列表填充数据

实现图片列表展示功能，首先通过 OpenStackClientService. getInstance()获取云存储服务；然后把云存储对象转换为模拟本地文件系统（SFile）的形式保存；最后根据模拟的本地文件系统填充至 ListView，刷新适配器（Adapter）并显示。

具体实现如下。

在 onCreateView 方法中添加获取云存储对象的代码，然后获取 OpenStack 接口服务，接着获取云存储的对象，最后获取数据。如果数据有效，就填充；如果数据无效，则重新获取。

```
if(result. isValid()){
    fillListView(result. getResult());
```

```
} else{//无效,重新获取数据
    GetOSSObjectsTask reload = new GetOSSObjectsTask();
    reload.execute();
}
```

填充并刷新适配器。

```
fileListViewAdapter.notifyDataSetChanged();
```

根据当前选择目录转换成 ListData，填充适配器。

首先获取所有图片类型的数据，迭代遍历，可以把文件遍历的方法交给 FS 来实现。

收集所有符合该类型的文件（图片），同理可以实现获取 PDF、Office 等类型的文档。

```
OSSFileSystem.findFiles(swiftFiles,root,Constants.MIME_IMAGE);
imgfiles = new String[swiftFiles.size()];
```

（4）图片网格视图 ImageGridViewFragment

此 ImageGridViewFragment 类的路径为 com.xiandian.OpenStack.cloud.swiftstorage.fragment.ImageGridViewFragment。

此处，展示所有文件视图在前面的章节中已经详细介绍过，接下来有关图片列表视图展示的变量都是在此 Java 类中实现，见表 7-9。

表 7-9 变量说明

变 量 名	作 用
Context context	容器
Bitmap[] img	图片数组
String[] imgtxt	图片文字数组
ArrayList<String> imglist	图片地址
List<SFileData> fileListData	文件内容集合
SwipeRefreshLayout fileListSwipe	下拉刷新

实现图片网格展示功能与实现图片列表展示功能类似，可参考图片列表展示功能完成，本功能主要使用 GridView 组件，并使用了两个数组分别存储图片信息和图片文件名，然后填充到数据适配器中。在这里使用一个自定义的数据适配器。

```
//定义并初始化保存说明文字的数组
for(int i = 0;i < fileListData.size();i++){
    imgtxt[i] = fileListData.get(i).getFileName();
}
PictureAdapter adapter = new PictureAdapter(imgtxt,img,getActivity());
gridView.setAdapter(adapter);//将适配器与 gridView 关联
gridView.setOnItemClickListener(new ItemClickListener());
```

```
        return rootView;
    }

    //自定义适配器
    private class PictureAdapter extends BaseAdapter {
        private LayoutInflater inflater;
        private List<Picture> pictures;
        public PictureAdapter(String[] titles,Bitmap[] images,Context context) {
            super();
            pictures = new ArrayList<Picture>();
            inflater = LayoutInflater.from(context);
            if (images != null) {
                for (int i = 0;i < images.length;i++) {
                    Picture picture = new Picture(img[i],imgtxt[i]);
                    pictures.add(picture);
                }
            }
        }
    }
```

3. 功能执行及测试

（1）执行效果

在工具栏中单击 app 下拉按钮，在下拉菜单中选择 app；单击工具栏中的▶按钮，运行程序。登录成功后进入展示所有文件界面，在侧滑菜单中选择“图片”命令，打开图片列表。在图片列表视图中单击“网格视图”按钮，显示图片网格视图。左右滑动屏幕，可以在列表显示模式和网格显示模式之间来回切换，如图7-2-3所示。

（2）手工测试

测试的场景（TestCase）见表7-10，读者可以编写单元测试或者自己手工测试。

表7-10　测试场景

编号	测试场景	输入参数	预期结果
1	登录成功后	选择侧滑菜单中的“图片”命令	显示图片列表视图
2	登录成功后	选择侧滑菜单中的“图片”命令，再单击“网格视图”按钮	显示图片网格视图
3	登录成功后	选择侧滑菜单中的“图片”命令，左右滑动屏幕	来回切换图片列表和图片网格视图
4	登录成功后，切断网络连接	选择侧滑菜单中的“图片”命令	提示“网络连接错误”

续表

编号	测试场景	输入参数	预期结果
5	登录成功后，切断网络连接	选择侧滑菜单中的“图片”命令，再单击“网格视图”按钮	提示“网络连接错误”
6	登录成功后，切断网络连接	选择侧滑菜单中的“图片”命令，左右滑动屏幕	提示“网络连接错误”

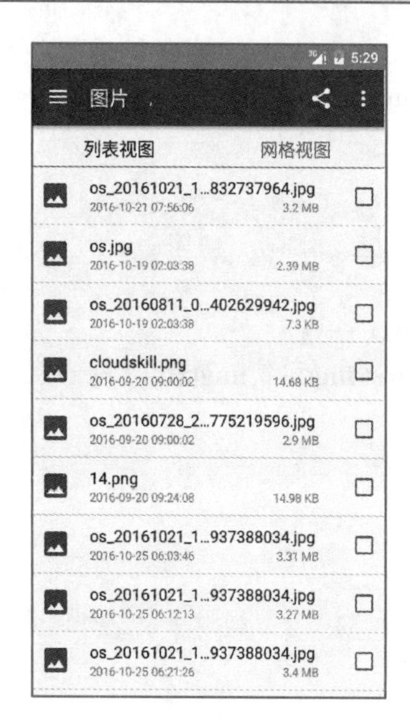

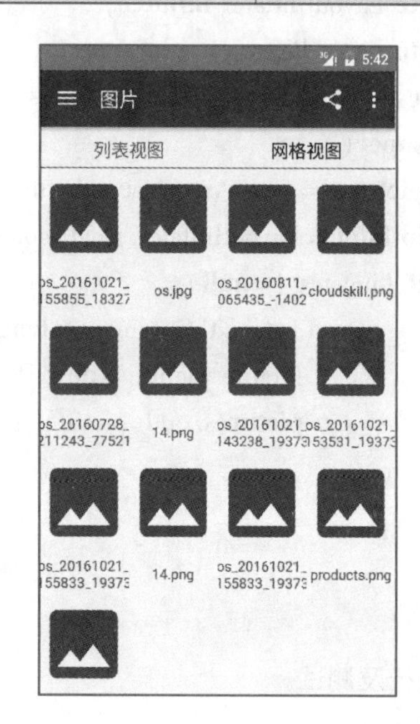

图 7-2-3　执行启动的效果图

任务 7-3　实现内容列表排序

选择排序方式后按照对应要求实现列表的排序和显示，具体实现流程图如图 7-3-1 所示。

1. 功能需求

（1）视图层，界面实现

根据原型图设计及实现排序菜单，原型图如图 7-3-2 所示。

选择下拉菜单中的“排序”命令，弹出一个对话框。对话框中包含一个列表，列表中包含 3 个按钮，分别为按名称排序、按时间排序、按大小排序。

（2）控制层，触发排序

登录成功后单击顶部导航栏最右侧的菜单按钮，弹出下拉菜单。选择下拉菜单中的“排序”命令，弹出一个排序功能对话框，选择对话框中的任意一项。

（3）服务层，文件排序

获取用户的排序请求，将当前容器内的文件按用户请求类型排序。

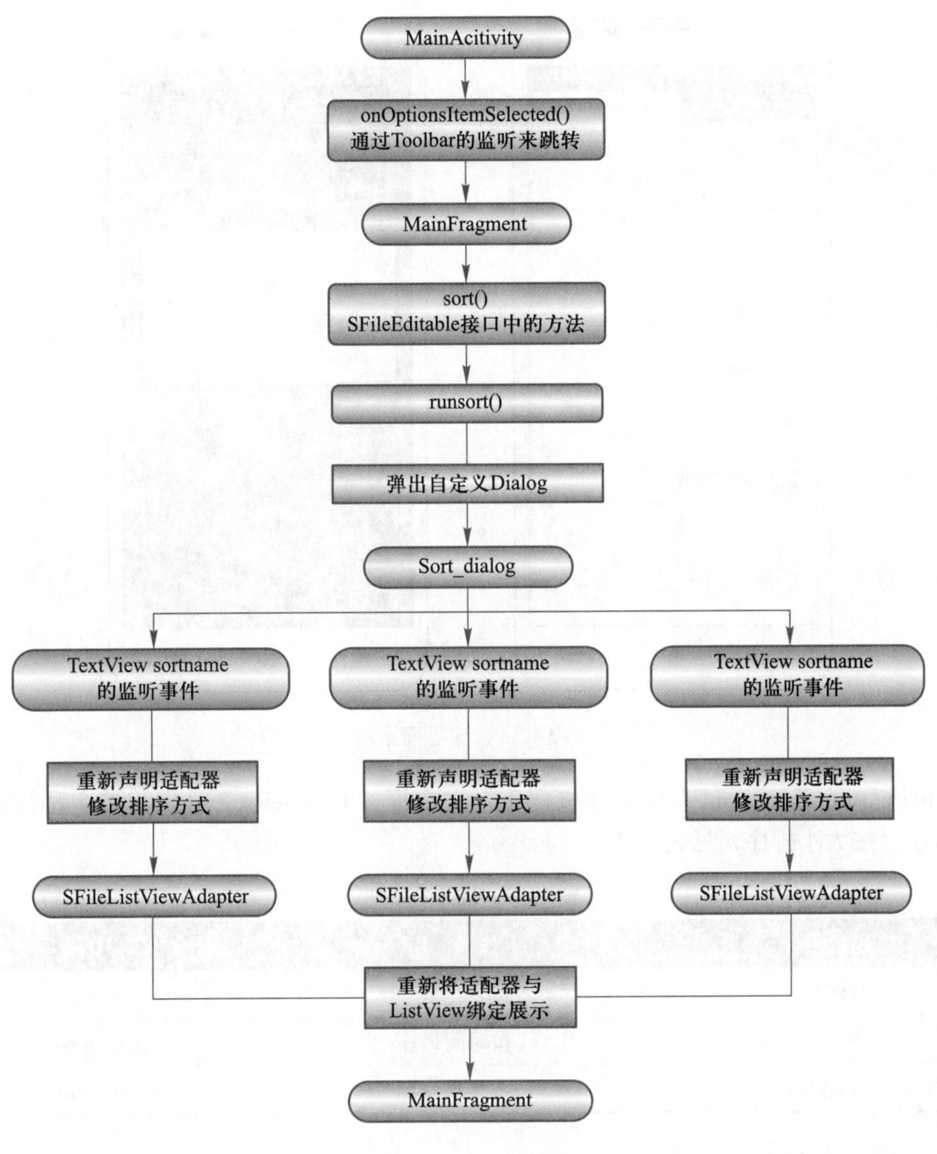

图 7-3-1 流程图

（4）控制层，文件返回结果处理

将排序好的文件填充到视图的适配器中，刷新适配器。

2. 实现步骤

（1）导入项目

运行 Android Studio，选择 File→Open 菜单命令，打开 Open File or Project 对话框，在路径中选择 project72 目录下面的 swiftstorage 项目。

（2）界面实现

根据文件排序视图的界面原型设计，需要使用布局文件 activity_sort_dialog. xml。

布局文件的路径为 app\src\main\res\layout\activity_sort_dialog. xml。

图 7-3-2　排序界面原型图

activity_sort_dialog. xml 布局文件包含 3 个文本框（TextView），分别为按名称排序、按时间排序、按大小排序，见表 7-11。

表 7-11　控件说明

组　件	作　用	ID
TextView	按名称排序	sort_name
TextView	按时间排序	sort_time
TextView	按大小排序	sort_size

（3）扩展图片列表视图 MainFragment

实现文件排序功能，首先通过监听事件获取用户单击的排序需求，按文件 ListView 适配器的排序方法进行排序，然后将排序完成的文件放入文件列表适配器中，最后刷新适配器（Adapter）并显示。

首先生成文件列表数据适配器。

```
fileListViewAdapter =
new SFileListViewAdapter(context,fileListData,MainFragment. this);
```

然后调用不同的排序方法进行排序。在不同的排序方法之前主要由各个参数进行控制。按名称排序如下。

```
fileListViewAdapter.sort(true, fileListViewAdapter.SORT_BY_NAME, fileListViewAdapter.SORT_ASCEND);
```

按时间排序如下。

```
fileListViewAdapter.sort(true, SFileListViewAdapter.SORT_BY_TIME, SFileListViewAdapter.SORT_ASCEND);
```

按大小排序如下。

```
fileListViewAdapter.sort(true, fileListViewAdapter.SORT_BY_SIZE, fileListViewAdapter.SORT_ASCEND);
```

排序主要通过以下方法实现，在该方法中，必须先设计一个排序器。

排序器如下。

```
private Comparator getSortComparator(int type,int mode){
switch (type){
    case SORT_BY_NAME:
        return new FileNameComparator(mode);
    case SORT_BY_SIZE:
        return new SizeComparator(mode);
    case SORT_BY_TIME:
        return new TimeComparator(mode);
    default:
        return new FileNameComparator(mode);
}
}
```

排序方法如下。

```
public void sort(boolean isDiffDirFile,int type,int mode){
Comparator com = getSortComparator(type,mode);
if(isDiffDirFile){
    if(this.listFileData != null){
        //排序文件夹
        List<SFileData> tempDir = new ArrayList<SFileData>();
        for(SFileData item:listFileData){
            if(item.isFolder()){
                tempDir.add(item);
            }
        }
        synchronized(tempDir){
```

```
                Collections.sort(tempDir,com);
            }
            //排序文件
            List<SFileData> tempFile = new ArrayList<SFileData>();
            for(SFileData item:listFileData){
                if(!item.isFolder()){
                    tempFile.add(item);
                }
            }
            synchronized(tempFile){
                Collections.sort(tempFile,com);
            }
            //排序合并
            this.listFileData.clear();
            this.listFileData.addAll(tempDir);
            this.listFileData.addAll(tempFile);
            tempDir.clear();
            tempFile.clear();
        }
    }else{
        synchronized(listFileData){
            Collections.sort(listFileData,com);
        }
    }
}
```

至此，排序功能开发完毕。其他代码请参照配套代码。

3. 功能执行及测试

（1）执行效果

在工具栏中单击 app 下拉按钮，在下拉菜单中选择 app；单击工具栏中的 ▶ 按钮，运行程序。单击导航栏右侧的菜单按钮，在下拉菜单中选择“排序”命令，执行启动的效果图如图 7-3-3 所示。

（2）手工测试

测试的场景（TestCase）见表 7-12，读者可以编写单元测试或者自己手工测试。

表 7-12 测试场景

编号	测试场景	输入参数	预期结果
1	登录成功后	单击下拉菜单中“排序”按钮	显示文件排序选择框

续表

编号	测试场景	输入参数	预期结果
2	显示文件排序选择框后	选择“按名称排序”选项	文件列表按名称正序排列
3	显示文件排序选择框后	选择“按时间排序”选项	文件列表按时间正序排列
4	显示文件排序选择框后	选择“按大小排序”选项	文件列表按大小正序排列
5	**fileListViewAdapter**. sort ( ) 实现错误	分别选择按名称排序、按时间排序、按大小排序	无排序效果

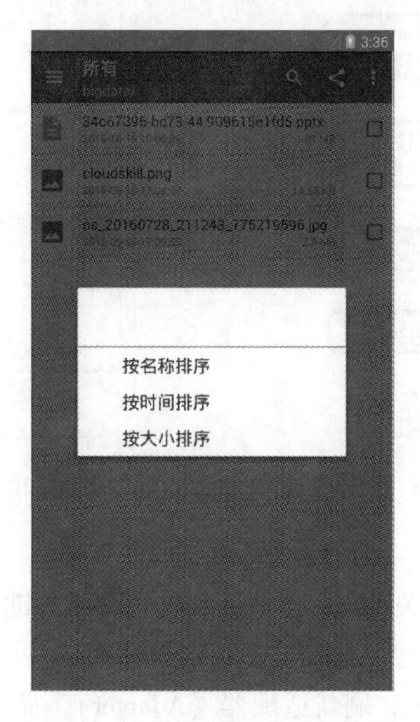

图 7-3-3 执行启动的效果图

任务 7-4 实现存储内容搜索

单击右上角的“搜索”按钮，输入关键词后进行搜索，并展示结果列表，具体实现流程图如图 7-4-1 所示。

1. 功能需求

（1）视图层，界面实现

根据原型图设计及实现搜索视图，原型图如图 7-4-2 所示。

视图顶部包含一个返回按钮，一个输入框。搜索到的文件在下方容器中显示。

（2）控制层，触发搜索文件

登录成功后，单击导航栏中的“搜索”按钮，显示搜索文件视图。在视图的输入框（EditText）中输入要搜索文件的文件名称。

图 7-4-1 流程图

图 7-4-2 搜索功能原型图

(3) 服务层，获取文件

获取用户搜索的文件名称关键词，查找文件名包含此关键词的文件。

(4) 控制层，文件返回结果处理

查找到文件，填充 ListView，刷新适配器（Adapter），显示查找出的文件。查找不到文件，在视图中提示“找不到此文件”。

2. 实现步骤

(1) 导入项目

运行 Android Studio，选择 File→Open 菜单命令，打开 Open File or Project 对话框，在路径中选择 project73 目录下面的 swiftstorage 项目。

(2) 搜索视图 MainFragment

此 MainFragment 类的路径为 com. xiandian. OpenStack. cloud. swiftstorage. fragment. MainFragment

实现搜索文件功能，首先通过 SearchView 监听到用户的搜索请求，获取搜索文件的关键词，通过搜索方法查询到相关文件，然后把文件填充至 ListView，刷新适配器（Adapter）并显示。

具体实现过程如下。

根据关键词，搜索文件如下。

```
    @ Override
public void search( String fileName) {
    //实现说明,首先搜索转换成在 OSSFileSystem 缓存的数据,展示搜索结果
     SearchOSSFileSystemTask searchOSSFileSystemTask = new SearchOSSFileSystemTask
( fileName) ;
    searchOSSFileSystemTask. execute( ) ;
}
```

异步任务搜索筛选，填充适配器，刷新显示如下。

```
    private classSearchOSSFileSystemTask extends AsyncTask < String, SFile, TaskResult
 < SFile >> {
    private String fileName;
    / * *
      * @ param fileName
      * /
    private SearchOSSFileSystemTask( String fileName) {
        this. fileName = fileName;
    }
    @ Override
    protected TaskResult < SFile > doInBackground( String. . . strings) {
        try{
            SFile ossFS = getAppState( ). getOSSFS( ) ;
            if( ossFS != null) {
                ossFS = ossFS. getRoot( ) ;
            }
            return new TaskResult < SFile > ( ossFS) ;
        } catch( Exception except) {
            return new TaskResult < SFile > ( except) ;
        }
    }
    / * *
      * 任务执行完毕。
      *
      * @ param result
      * /
    protected void onPostExecute( TaskResult < SFile > result) {

        //如果数据有效
```

```
        if(result. isValid()){
            List<SFile> collection = new ArrayList<SFile>();
            OSSFileSystem. searchFile(collection,result. getResult(),fileName);
            setFileListData(collection);
            fileListViewAdapter. notifyDataSetChanged();
            //调用 MainActivity 来改变 Toolbar 的路径信息
            //查找
             ((MainActivity)getActivity()). setToolbarTitles(getString(R. string. menu_
swiftdisk),"");
        }else{
            //do nothing
            GetOSSObjectsTask reload = new GetOSSObjectsTask();
            reload. execute();
        }
    }
}
```

至此，搜索功能开发完毕。

3. 功能执行及测试

（1）执行效果

在工具栏中单击 app 下拉按钮，在下拉菜单中选择 app；单击工具栏中的▶按钮，运行程序。单击导航栏中的搜索按钮，在输入框中输入搜索文件关键词，按 Enter 键，如图 7-4-3 所示。

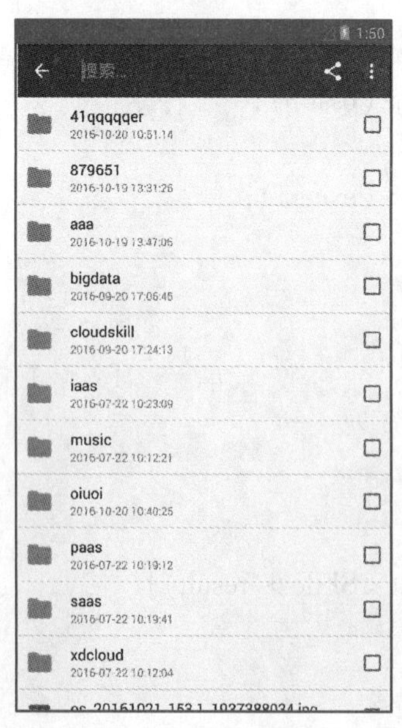

图 7-4-3 执行启动的效果图

（2）手工测试

测试的场景（TestCase）见表7-13，读者可以编写单元测试或者自己手工测试。

表7-13 测试场景

编号	测试场景	输入参数	预期结果
1	登录成功后	单击“搜索”按钮	进入搜索视图
2	搜索视图中	fileName：jpg	显示所有图片文件
3	搜索视图中	fileName：/ \（特殊字符）	显示“找不到此文件”

任务7-5 实现列表项选择控制

根据用户操作实现单选、多选和全选操作，具体实现流程图如图7-5-1所示。

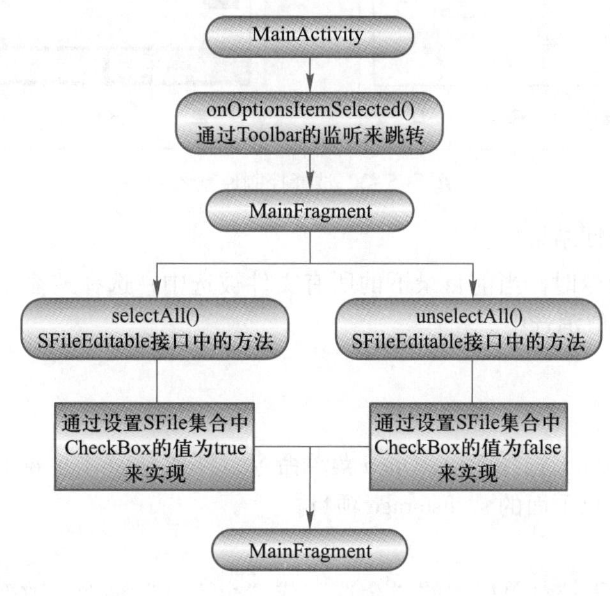

图7-5-1 流程图

1. 功能需求

用户单击导航栏右侧的菜单按钮，选择“全选”命令使当前目录下的所有文件的复选框（CheckBox）被全部选中，选择“全不选”命令使当前目录下的所有文件复选框（CheckBox）全部取消选中状态。

（1）视图层的界面实现

根据原型图设计并实现选择控制功能的视图，具体原型图如图7-5-2所示。

（2）控制层，用户在实现文件夹和文件重命名的处理

单击导航栏右侧的菜单按钮，可以选择全选功能或者取消全选功能。

（3）服务层，用户输入文件夹名后的操作

到服务层后，读取当前目录下的所有文件，改变文件的复选框（CheckBox）状态。

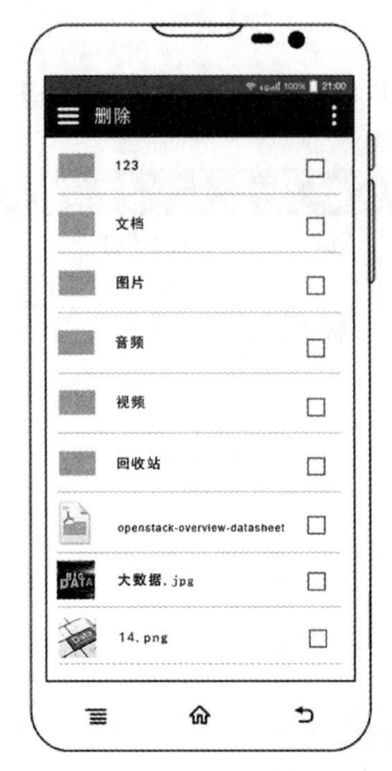

图 7-5-2 选择控制原型图

（4）控制层，返回结果处理

选择“全选”命令时，当前目录下的所有文件被选中；选择“全不选”命令时，当前目录下的所有文件被取消选中。

2. 实现步骤

（1）导入项目

运行 Android Studio，选择 File→Open 菜单命令，打开 Open File or Project 对话框，在路径中选择 project74 目录下面的 swiftstorage 项目。

（2）界面实现

选中文件后选择下拉菜单栏中的“全选”或“全不选”命令，改变 main_list_item.xml 下的复选框状态，见表 7-14。

表 7-14 控件说明

组　件	作　用	ID
CheckBox	文件的选择状态	**file_checked**

（3）在 MainActivity 中对选择命令进行处理

```
    //全选
else if(id == R.id.action_select_all) {
    this.currentFragment.selectAll();
}
```

```
//全不选
else if(id == R.id.action_unselect_all){
    this.currentFragment.unselectAll();
}
```

在 MainActivity 中对下拉菜单中的全选和全不选事件进行监听。

（4）在 MainFragment 中完成对选择操作的处理

实现 SFileEditable 接口下的 selectAll()或 unselectAll()方法。

```
    /**
 * 全选
 */
@Override
public void selectAll(){
    for(SFileData fd : fileListData){
        if(!fd.isChecked()){
            fd.setChecked(true);
        }
    }
    fileListViewAdapter.notifyDataSetChanged();
}
/**
  * 取消全选
  */
@Override
public void unselectAll(){
    for(SFileData fd : fileListData){
        if(fd.isChecked()){
            fd.setChecked(false);
        }
    }
    fileListViewAdapter.notifyDataSetChanged();
}
```

代码说明如下：

遍历当前目录下所有文件的每一条 SFileData 的 checked 的状态，最后刷新适配器。

3. 功能执行及测试

（1）执行效果

在工具栏中单击 app 下拉按钮，在下拉菜单中选择 app；单击工具栏中的 ▶ 按钮，运

行程序。登录成功后，选择控制场景，如图 7-5-3 所示。

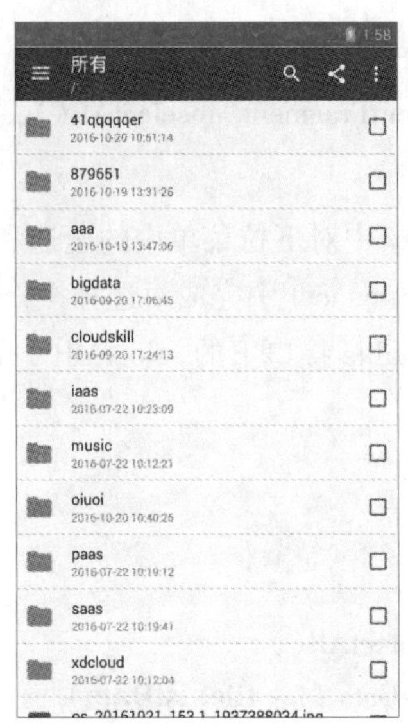

图 7-5-3 执行启动的效果图

（2）手工测试

测试的场景（TestCase）见表 7-15，读者可以编写单元测试或者自己手工测试。

表 7-15 测 试 场 景

编号	测 试 场 景	输 入 参 数	预 期 结 果
1	选择“全选”命令	—	当前目录下的所有文件被选中
2	选择“全不选”命令	—	当前目录下的所有文件被取消选中

至此，完成了选择控制的开发。下一个项目，本书将向读者展示文件夹功能的开发流程。

项目总结

本项目完成之后，读者就能够利用 Swift 云存储 SDK 完成各类文件的展示、分类、排序和选择等功能。本项目中的所有操作都是在对应租户的容器内完成的。读者可以了解到，每个 Swift 用户会对应两个容器——用户容器和回收站容器。在后面的练习中，读者可以对这两个容器进行进一步操作，进而加深了解。

拓展实训

（1）实现登录用户回收站的视图展示（即展示该用户对应回收站容器内的内容）。

（2）实现视频分类展示（可分别按照文件扩展名和文件类型属性实现）。

项目 8

文件操作模块

学习目标

本项目主要完成以下学习目标。

- 实现文件夹的创建。
- 实现文件夹和文件重命名。
- 实现文件的复制。

项目描述

在前面已完成的界面基础上，已注册用户登录到 Swift 服务后，根据导入的 OpenStack Swift SDK 项目包所提供的 Service 类中的 createDir( )、rename( )和 copy( )方法及 Android 组件的使用来实现新建文件夹、重命名和复制的功能。

任务8-1 实现文件夹的创建

用户单击导航栏右侧的菜单按钮，在下拉菜单中选择“新建目录”命令，弹出对话框(Dialog)。在其中输入文件夹名称，确定后在当前目录下增加对应的文件夹，具体实现流程图如图8-1-1所示。

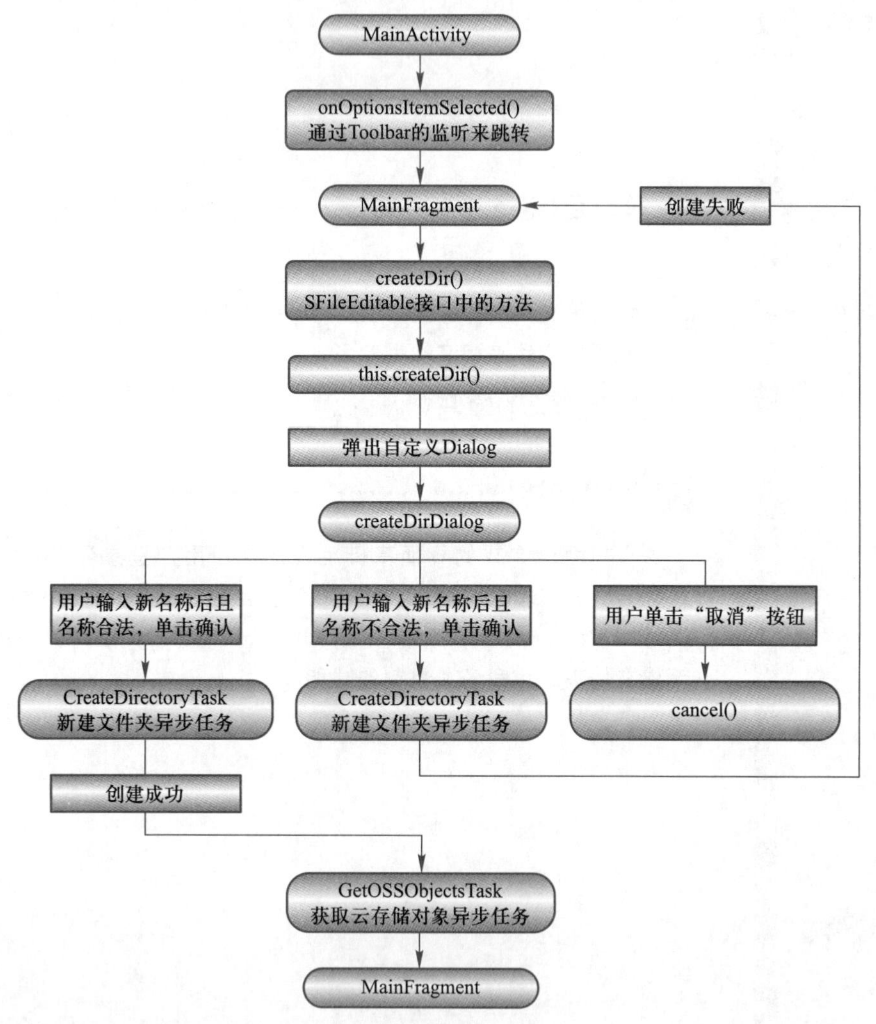

图8-1-1 创建文件夹的流程图

1. 新建目录功能需求

(1) 视图层的界面实现

根据原型图设计及实现新建文件夹视图，原型图如图8-1-2所示。

(2) 控制层，用户单击新建后出现对话框

选择下拉菜单栏（Menu）下的“新建目录”命令，页面弹出对话框（Dialog），输入新建文件夹的名称，单击“确定”按钮。

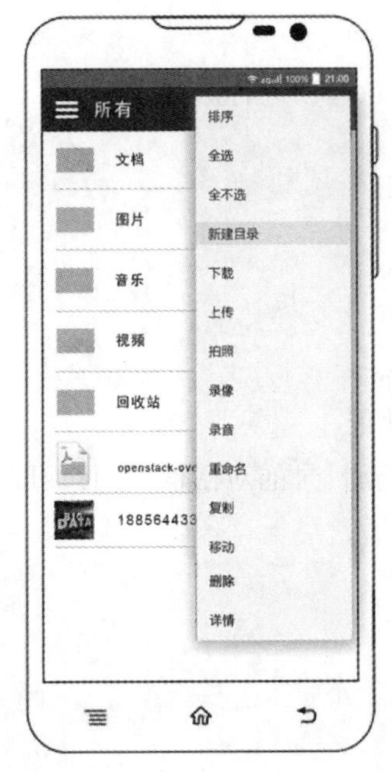

图 8-1-2　文件夹的创建原型图

（3）服务层，用户输入目录名称后的操作

读取输入的目录的名称，调用 Swift 服务创建目录。

（4）控制层，返回结果处理

认证返回值处理，返回结果的情况有以下几种。

① 文件名称不重复，不含特殊字符，新建目录在 View 中显示。

② 已存在文件名，提示用户文件名重复。

③ 文件名包含不符合规定的特殊字符，提示用户文件名不合法。

2. 实现步骤

（1）导入项目

运行 Android Studio，选择 File→Open 菜单命令，打开 Open File or Project 对话框，在路径中选择 project75 目录下面的 swiftstorage 项目。

（2）界面实现

选择菜单栏中的“新建目录”命令，弹出对话框（Dialog），布局文件为 input_text_edit_dialog. xml，其中包含一个输入框（EditText）、两个按钮（Button），其中一个“确定”按钮，一个“取消”按钮，见表 8-1。

表 8-1　控件说明

组　　件	作　　用	ID
EditText	输入目录名称	edit_text
Button	“确定”按钮	btnEnter
Button	“取消”按钮	btnCancel

(3) 在 MainActivity 中对新建文件夹按钮进行处理

在 MainActivity 中对菜单（Menu）的新建目录选项进行监听

```
    if(id == R. id. action_create_dir) {
    //弹出输入框
    this. currentFragment. createDir(null);
}
```

调用 SFileEditable 接口下的 createDir( )方法。

(4) 在 MainFragment 中完成对新建目录的处理

这里主要完成两个操作：首先弹出一个输入新目录的对话框，用户可以输入名称；其次创建实现 SFileEditable 接口下的 createDir( )的方法。

```
    //创建目录,弹出对话框
    private AlertDialog createDirDialog;
    private void createDir( ) {
    //创建弹出对话框
}

@ Override
public void createDir(String filePath) {
    this. createDir( );
}
    this. createDir( );  //调用 createDir( )方法
```

在实现过程中需要注意以下几个方面。

在弹出对话框（**Dialog**）的输入框中（**Edittext**）输入目录名。

```
AlertDialog. Builder builder = new AlertDialog. Builder(getActivity( ));
LayoutInflater inflater = getActivity( ). getLayoutInflater( );
```

对“确定”按钮（**Button**）进行监听，用于启动异步任务。

```
CreateDirectoryTask createDirectoryTask = new CreateDirectoryTask(dirName);
createDirectoryTask. execute( );
```

对“取消”按钮（**Button**）进行监听，关闭对话框（**Dialog**）。

```
createDirDialog. cancel( );
```

完成操作后返回提示结果，刷新视图，新建的目录在 **View** 中显示。到此，本项目完成了新建目录的全部操作。

3. 功能执行及测试

(1) 执行效果

在工具栏中单击 app 下拉按钮，在下拉菜单中选择 app；单击工具栏中的 ▶ 按钮，运

行程序。登录后，单击导航栏右侧的菜单按钮，在下拉菜单中选择“新建目录”命令新建文件夹，如图 8-1-3 所示。

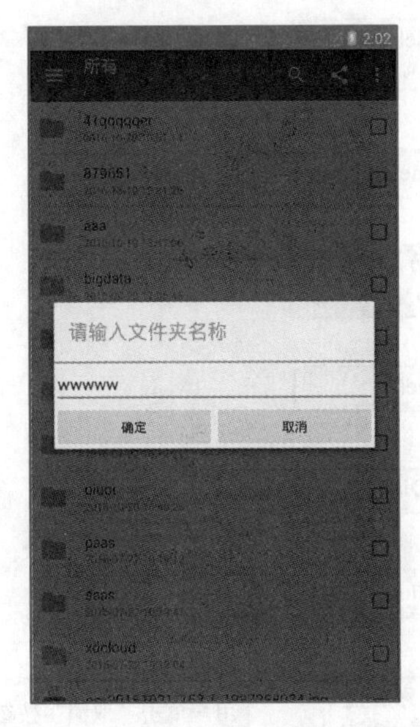

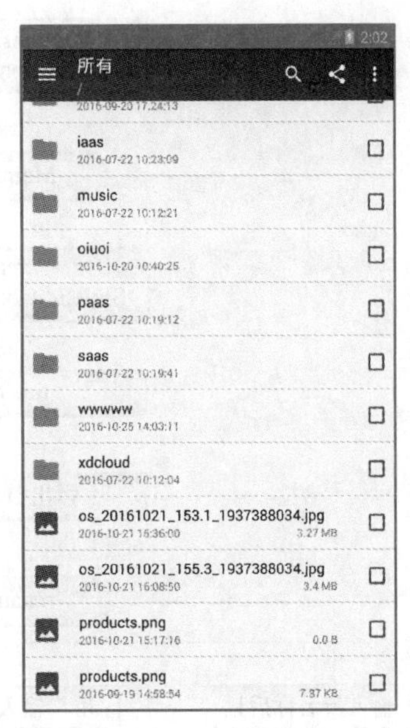

图 8-1-3　执行启动的效果图

（2）手工测试

测试的场景（TestCase）见表 8-2，读者可以编写单元测试或者自己手工测试。

表 8-2　测试场景

编　号	测试场景	输入参数	预期结果
1	文件名不重复，不含特殊字符	dirName：wwww	创建成功
2	文件名重复，不含特殊字符	dirName：wwww	提示目录名称重复
3	文件名不重复，含特殊字符	dirName：text/ww	提示目录名称不合法

至此，完成了新建目录功能的开发，下面将讲述文件重命名功能的开发。

任务 8-2　实现文件夹和文件重命名

用户选中某一文件或文件夹后，单击导航栏右侧的菜单按钮，选择“重命名”命令，弹出对话框，用户修改其中的文件名后单击“确定”按钮，页面会修改对应文件或文件夹的名称，具体实现流程图如图 8-2-1 所示。

1. 功能需求

（1）视图层的界面实现

根据原型图设计并实现文件夹和文件重命名功能的视图，原型图如图 8-2-2 所示。

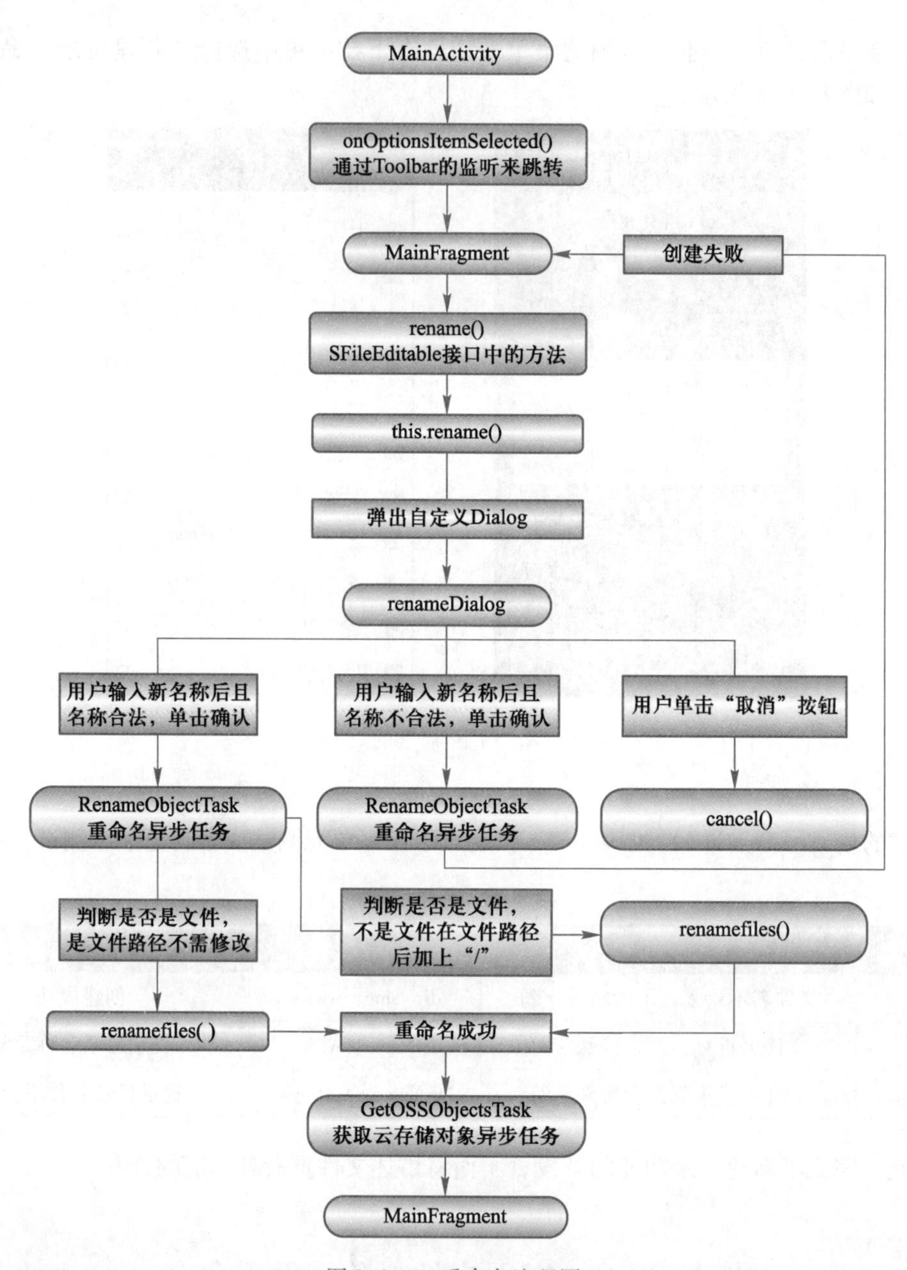

图 8-2-1　重命名流程图

（2）控制层，用户在实现文件夹和文件重命名的处理

登录后选中一个文件或文件夹，选择下拉菜单栏中的“重命名”命令，弹出对话框。对话框中有文件原来的名称，用户在输入框中修改后单击“确定”按钮。

（3）服务层，用户输入文件夹名后的操作

读取修改完成的文件名称，调用 Swift 服务对文件重命名。

（4）控制层，返回结果处理

处理返回值，返回结果的情况有如下几种。

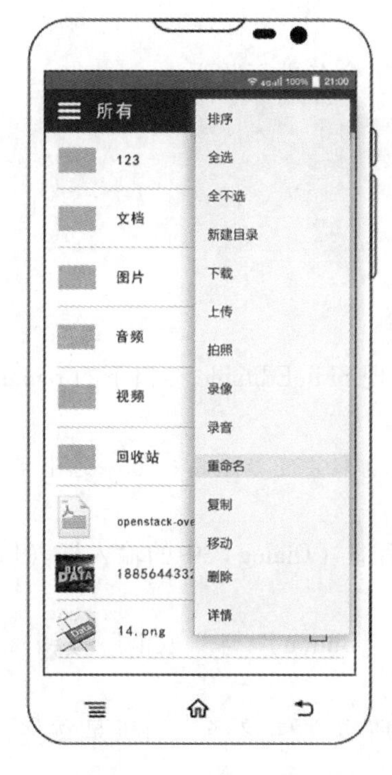

图 8-2-2　文件夹和文件重命名原型图

① 文件的新名称不重复，不含特殊字符，显示修改成功页面。

② 文件的新名称重复，不含特殊字符，提示创建失败，文件名已存在。

③ 文件的新名称不重复，含特殊字符，提示创建失败，文件名不合法。

④ 未选择文件时选择“重命名”命令，对话框不会弹出。

2. 实现步骤

（1）导入项目

运行 Android Studio，选择 File→Open 菜单命令，打开 Open File or Project 对话框，在路径中选择 project81 目录下面的 swiftstorage 项目。

（2）界面实现

选中文件后选择下拉菜单中的“重命名”命令，弹出对话框。布局文件为 input_text_edit_dialog. xml，其中包含一个写着原文件名的输入框（EditText），两个按钮（Button），见表 8-3。两个按钮中，一个是“确定”按钮，一个是“取消”按钮。

表 8-3　控 件 说 明

组件	作用	ID
EditText	文件夹名称修改	edit_text
Button	“确定”按钮	btnEnter
Button	“取消”按钮	btnCancel

（3）在 MainActivity 中对重命名按钮进行处理

在 MainActivity 中对下拉菜单（Menu）中的重命名进行监听。

```
else if(id == R.id.action_rename) {
    this.currentFragment.rename(null,null);
}
```

调用 SFileEditable 接口下的 rename()方法。

（4）在 MainFragment 中完成对重命名的处理

在这里，依然是弹出重命名对话框，然后实现 SFileEditable 接口下的 rename()的方法。

在实现过程中需要注意以下方面。

获取用户选中的文件，如果没有选中，程序就不会往下运行；如果选中多个，则取第一个文件。

取得文件后，弹出对话框（Dialog）。在对话框（Dialog）中的输入框（EditText）中有原文件的名称，用户在此基础上进行修改。

分别对对话框（Dialog）中的“确定”按钮（Button）与“取消”按钮（Button）进行监听，确定则启动异步任务，取消则关闭对话框。

如果是文件夹，则要修改文件夹路径下的所有文件路径；如果是文件，就直接调用 Swift 服务进行修改。

```
private void renameFiles(String cName,String path2,SFile sFile) {
    // 重命名
    if (sFile.isFile()) {
        getService().rename(cName,sFile.getName(),path2,sFile.getContentType());
    } else {//目录
        getService().rename(cName,sFile.getName(),path2,"text/directory");
    }
    // 重命名目录下的文件
    for (SFile file:sFile.listFiles()) {
        getService().rename(cName,file.getName(),path2 + cleanName(file.getName()),
file.getContentType());
    }
    // 遍历目录,递归重命名目录和文件
    for (SFile dir:sFile.listDirectories()) {
        renameFiles(cName,path2 + cleanName(dir.getName()) + "/",dir);
    }
}
```

3. 功能执行及测试

（1）执行效果

在工具栏中单击 app 下拉按钮，在下拉菜单中选择 app；单击工具栏中的 ▶ 按钮，运

行程序。登录后，单击导航栏右侧的菜单按钮，在下拉菜单中选择“重命名”命令重命名文件夹，如图 8-2-3 所示。

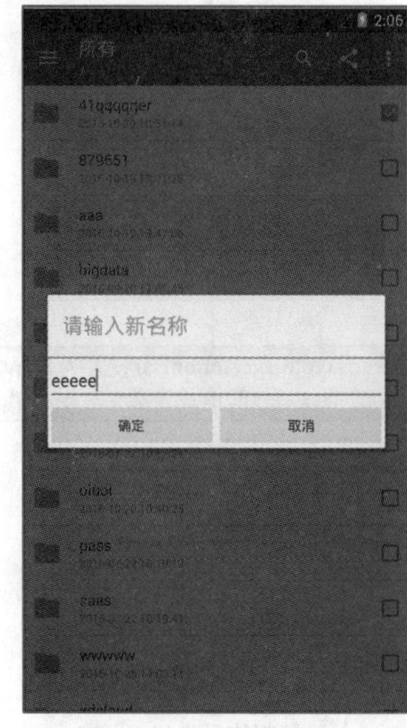

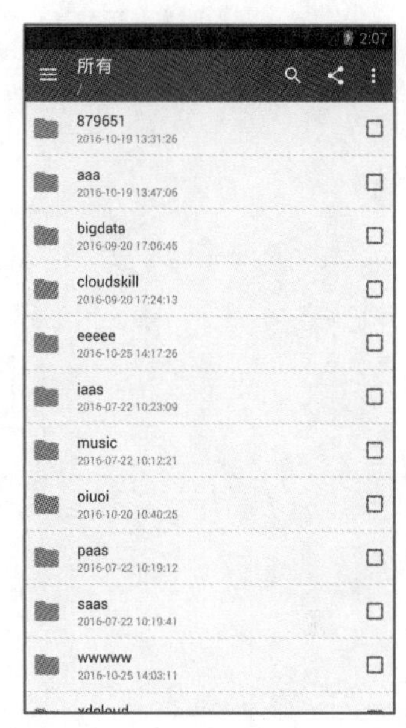

图 8-2-3 执行启动的效果图

（2）手工测试

测试的场景（TestCase）见表 8-4，读者可以编写单元测试或者自己手工测试。

表 8-4 测试场景

编 号	测试场景	输入参数	预期结果
1	文件的新名称不重复，不含特殊字符	dirName：eeeee	修改成功页面显示出来
2	文件的新名称重复，不含特殊字符	dirName：eeeee	提示创建失败，文件名已存在
3	文件的新名称不重复，含特殊字符	dirName：eee/ee	提示创建失败，文件名不合法
4	未选择文件时选择“重命名”命令		对话框不会弹出

至此，完成了文件夹和文件的重命名的开发，下一个任务将讲述文件的复制功能的开发。

任务 8-3 实现文件的复制

1. 功能需求

用户选中某一文件后，单击导航栏右侧的菜单按钮，在下拉菜单中选择“复制”命令，底部会出现“确定”和“取消”两个按钮。用户选中其中的一个目录，在此目录下单击“确定”按钮，在当前目录下会出现复制的文件，具体实现流程图如图 8-3-1 所示。

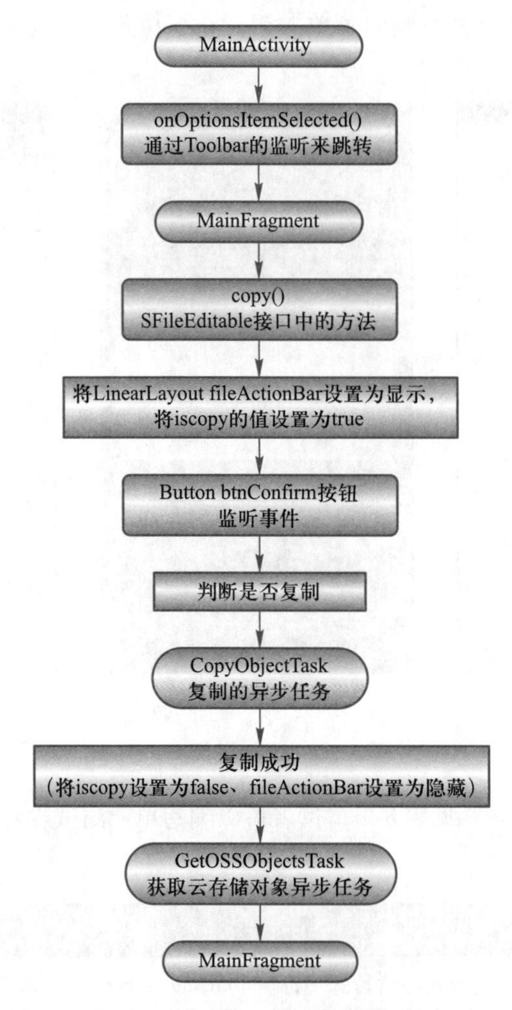

图 8-3-1 复制实现的流程图

（1）视图层的界面实现

根据原型图设计并实现复制和粘贴功能的视图，原型图如图 8-3-2 所示。

（2）控制层，用户在实现复制和粘贴的处理

登录后选中一个文件，选择下拉菜单（Menu）中的“复制”命令，底部会出现两个按钮（Button）：“确定”与“取消”按钮，用户修改地址后单击“确定”按钮。

（3）服务层，用户输入文件夹名后的操作

读取修改完成的文件信息，调用 Swift 服务对文件进行复制和粘贴。

（4）控制层，返回结果处理

返回结果的情况包含以下几种。

① 选中文件后复制到其他目录，文件在当前目录下显示。

② 就在当前文件目录下进行复制与粘贴，文件没有任何改变。

③ 复制文件夹，提示不可以复制文件夹。

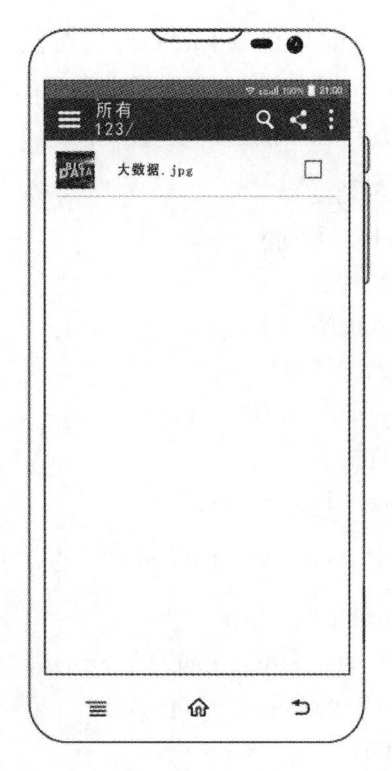

图 8-3-2　复制和粘贴原型图

2. 实现步骤

（1）导入项目

运行 Android Studio，选择 File→Open 菜单命令，打开 Open File or Project 对话框，在路径中选择 project82 目录下面的 swiftstorage 项目。

（2）界面实现

首先通过 android:visibility = "gone" 把 faragment_main. xml 下的 ID 为 layout_operation_bar 的线性布局（LinearLayout）隐藏。其中，有两个按钮（Button）：“确定”与“取消”按钮，见表 8-5。

表 8-5　控 件 说 明

组　件	作　用	ID
Button	“确定”按钮	btnEnter
Button	“取消”按钮	btnCancel

（3）在 MainActivity 中对重命名按钮进行处理

在 MainActivity 中对下拉菜单中的复制进行监听。

```
else if( id == R. id. action_copy) {
    this. currentFragment. copy( null,null) ;
}
```

调用 SFileEditable 接口下的 copy( )方法。

(4) 在 MainFragment 中完成对重命名的处理

在复制功能中需要新建的变量如下。

```
    //是否是复制
private boolean iscopy = false;
//复制的文件名称
String copyFileName = null;
//复制到的文件地址
String copyToFileName = null;
//复制文件的类型
String copyFileType = null;
```

实现 SFileEditable 接口下的 copy( )的方法

```
    @ Override
public void copy(String fromPath,String toPath) {
    if(getFirstSelected( )!  = null) {
        this. iscopy = true;
        this. copyFileName = getFirstSelected( ). getName( );
        this. copyFileType = getFirstSelected( ). getContentType( );
        fileActionBar. setVisibility(View. VISIBLE);
    }
}
```

代码说明如下:

getFirstSelected( )获取用户选中的第一个文件信息，前文中已涉及。

fileActionBar. setVisibility(View. VISIBLE); 用于将隐藏的控件显示出来。

之前在 onCreateView 构造视图方法中已经对隐藏好的按钮进行了监听，下面来完善这两个监听事件。

```
    btnConfirm . setOnClickListener(new View. OnClickListener( ) {
    @ Override
    public void onClick(View v) {
        if (iscopy ) {
            //是复制
            copyToFileName  = getAppState ( ). getSelectedDirectory ( ). getName ( ) +
cleanName(copyFileName );
                        CopyObjectTask copyObjectTask = new CopyObjectTask (copy-
FileName ,copyToFileName ,copyFileType );
            copyObjectTask. execute( );
```

```
            }
        }
    });
    btnCancel = (Button) rootView. findViewById(R. id. btnCancel);
    btnCancel. setOnClickListener(new View. OnClickListener() {
        @Override
        public void onClick(View v) {
            fileActionBar. setVisibility(View. GONE);
        }
    });
```

代码说明如下：

对于“确定”按钮（Button）的监听，如果 iscopy 为 true，就将 copyFileName、copyToFileName、copyFileType 这 3 个参数传到异步任务之中。

对于“取消”按钮（Button）的监听，单击后底部的布局隐藏。

调用 Swift 服务来完成复制及粘贴的工作，并且隐藏底部的布局。

3. 功能执行及测试

（1）执行效果

在工具栏中单击 app 下拉按钮，在下拉菜单中选择 app；单击工具栏中的▶按钮，运行程序。登录后，单击导航栏右侧的菜单按钮，在下拉菜单中选择“复制”命令复制文件，选择目的位置后单击“确定”按钮，将其粘贴到当前位置，如图 8-3-3 所示。

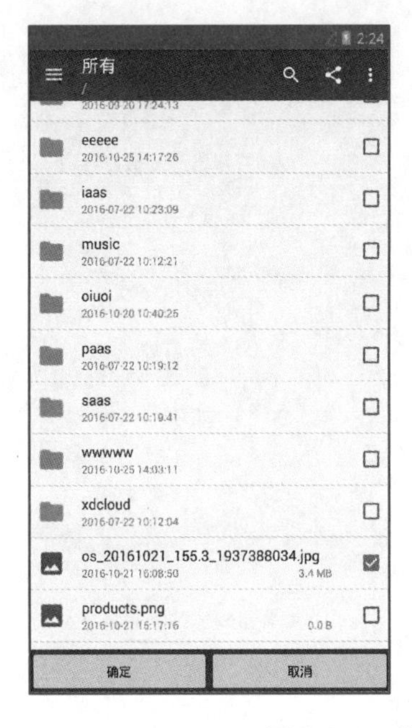

图 8-3-3　执行启动的效果图

（2）手工测试

测试的场景（TestCase）见表 8-6，读者可以编写单元测试或者自己手工测试。

表 8-6 测试场景

编号	测试场景	输入参数	预期结果
1	选中文件后复制到其他目录		文件在当前目录下显示
2	就在当前文件目录下进行复制及粘贴		文件未做任何改变
3	复制文件夹		提示不可以复制文件夹

至此，完成了复制和粘贴功能的开发。

项目总结

本项目完成之后，读者就能够利用 Swift 云存储 SDK 完成文件及文件夹的操作。通过本项目的学习，读者会了解到 Swift 云存储中的所有文件和文件夹都是作为存储对象出现在 Swift 中的。对各类内容都当作对象处理会降低实际操作难度，读者在其他的学习过程中可以适当借鉴这种思想。

拓展实训

（1）参考文件的复制功能来实现文件的移动功能。

（2）思考如何实现文件批量复制和批量移动。

项目 9

功能扩展模块

学习目标

本项目主要完成以下学习目标。

- 实现文件上传。
- 实现文件下载。
- 实现拍照上传。
- 实现存储内容分享。

项目描述

在前面已完成的界面基础上，已注册用户登录到 Swift 服务后，根据导入的 OpenStack Swift SDK 项目包所提供的 Service 类中的 upLoad( ) 和 downLoad( ) 方法及 Android 组件的使用来实现文件上传、文件下载、拍照上传和分享的功能。

任务 9－1　实现文件上传

1. 上传功能需求

单击导航栏右侧的菜单按钮，在下拉菜单中选择“上传”命令，弹出文件资源管理器。在文件资源管理器中选择所需上传的文件，单击“确定”按钮开始上传，上传结束后弹出提示框提示上传成功，具体的上传功能流程图如图 9-1-1 所示。

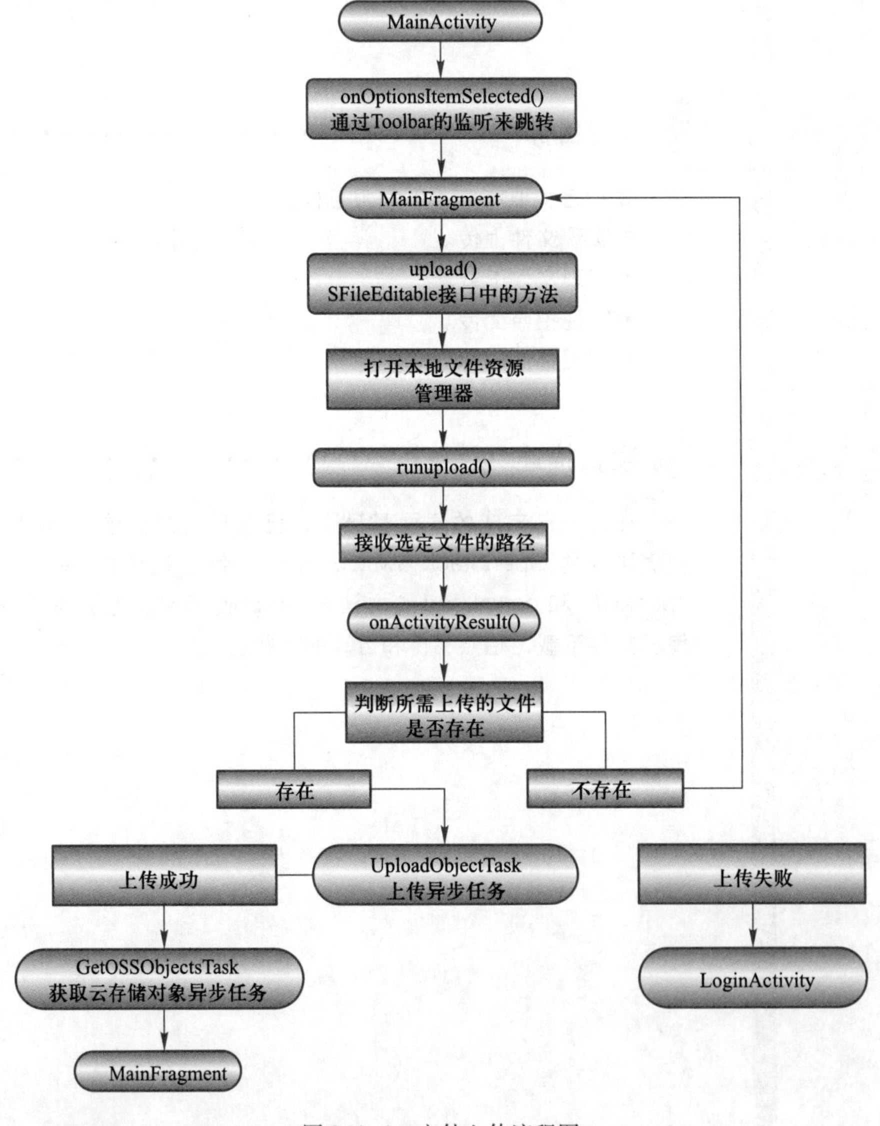

图 9-1-1　文件上传流程图

（1）视图层，界面实现

根据原型图设计并实现上传窗口视图，原型图如图 9-1-2 所示。

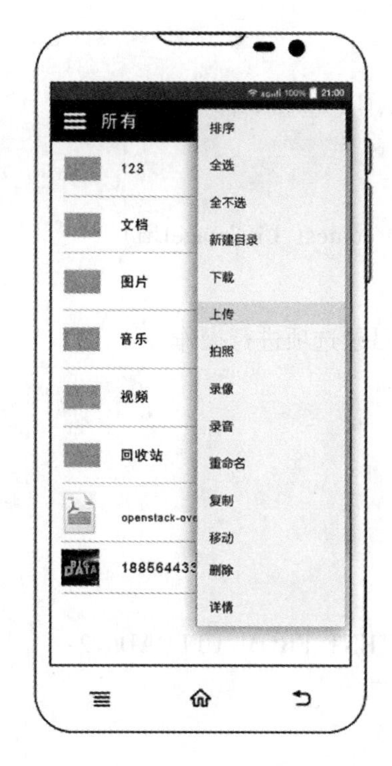

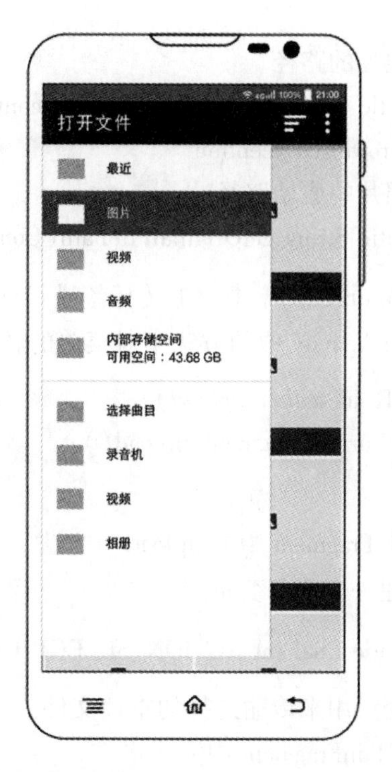

图 9-1-2　上传界面原型图

（2）控制层，用户选择上传文件

选择下拉菜单中的“上传”命令，弹出文件资源管理器，选择所需上传的文件。

（3）服务层，调用 OpenStack 提供的上传接口实现上传

这里调用 OpenStack 中的上传方法，传递的参数为上传文件路径和所要上传到的目录。

（4）控制层，返回结果处理

上传可能的情况包含以下几种。

① 所需上传的文件格式无法识别，提示用户上传失败，文件格式不对。

② 所上传的文件已经存在，提示用户上传失败，文件已存在。

③ 上传成功，提示用户上传成功。

2. 实现步骤

（1）导入项目

运行 Android Studio，选择 File→Open 菜单命令，打开 Open File or Project 对话框，在路径中选择 project83 目录下面的 swiftstorage 项目。

（2）新建一个 GraphicsUtil 工具类

此工具类为图形帮助类，此类中的方法将原始路径转化为文件路径，该类中包含以下方法。

```
    //获得照片的旋转方向
public static int getCameraPhotoOrientation(Context context,Uri imageUri,
        String imagePath) throws IOException
```

```
//获得照片的路径
public static int getOrientation(Context context,Uri imageUri)
        throws IOException
//获得照片的原始路径
public static String getOriginalFilePath(Context context,Uri imageUri)
```

(3) 在 MainActivity 中对上传标签进行处理

使用 MainActivity 中的方法中对菜单的新建目录选项进行操作。

```
if(id == R.id.action_upload){
    this.currentFragment.upload();
}
```

调用当前 Fragment 中的 upload()方法。

(4) 新建一个静态变量

```
private static final int ACTION_SELECT_CONTENT_FROM_UPLOAD = 2;
```

此静态变量用来传输选择的本地文件。

(5) 在 MainFragment 中完成操作

实现 SFileEditable 接口下的 upload()的方法。

```
@Override
public void upload(){
    runupload();
}
```

通过 Intent()方法调用本地文件资源管理器。

```
//打开文件资源管理器
private void runupload(){
    Intent intent = new Intent();
    intent.setAction(Intent.ACTION_GET_CONTENT);
    intent.setType("*/*");
    intent.setFlags(Intent.FLAG_ACTIVITY_CLEAR_TOP);
    intent.addCategory(Intent.CATEGORY_OPENABLE);
    startActivityForResult(intent,
ACTION_SELECT_CONTENT_FROM_UPLOAD);
}
```

通过 onActivityResult 方法来回调传输数据。

```
//处理回传数据,判断上传是否成功
public void onActivityResult(int requestCode,int resultCode,Intent data)
```

执行异步任务，在异步任务中调用 SDK 中的上传方法，完成后刷新列表。

3. 功能执行及测试

（1）执行效果

在工具栏中单击 app 下拉按钮，在下拉菜单中选择 app；单击工具栏中的 ▶ 按钮，运行程序。登录后，单击导航栏右侧的菜单按钮，在下拉菜单中选择“上传”命令，启动上传及上传成功的效果图如图 9–1–3 和图 9–1–4 所示。

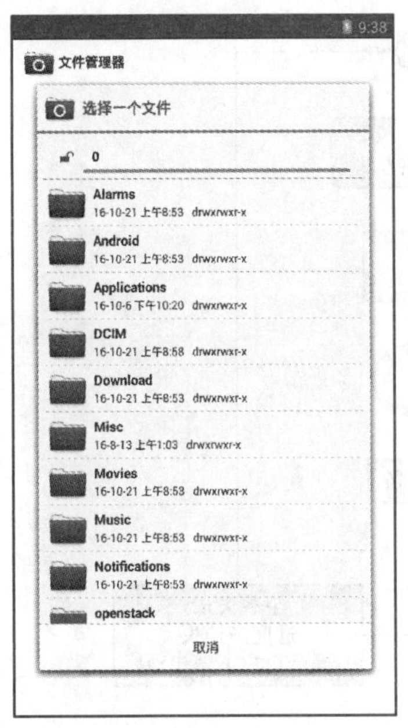

图 9–1–3 启动上传效果图

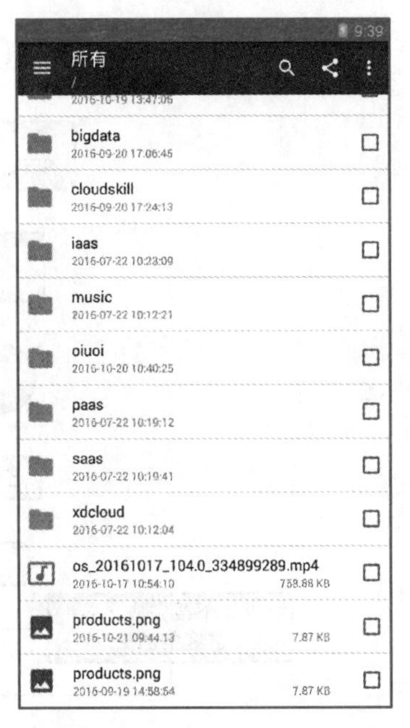

图 9–1–4 上传成功效果图

（2）手工测试

测试的场景（TestCase）见表 9–1，读者可以编写单元测试或者自己手工测试。

表 9–1 上传测试场景

编 号	测 试 场 景	输 入 参 数	预 期 结 果
1	上传一个正常文件	—	上传成功
2	上传一个已存在文件	—	上传失败，文件已存在
3	上传一个无法识别的文件	—	上传失败，文件格式不对

至此，已经完成了上传功能的开发，下面将进行下载功能的开发。

任务 9–2 实现文件下载

1. 下载功能需求

选择所需下载的文件，单击导航栏右侧的菜单按钮，在下拉菜单中选择“下载”命令，将展示下载进度条，下载结束后弹出提示框提示下载成功，具体下载的流程图如图 9-2-1 所示。

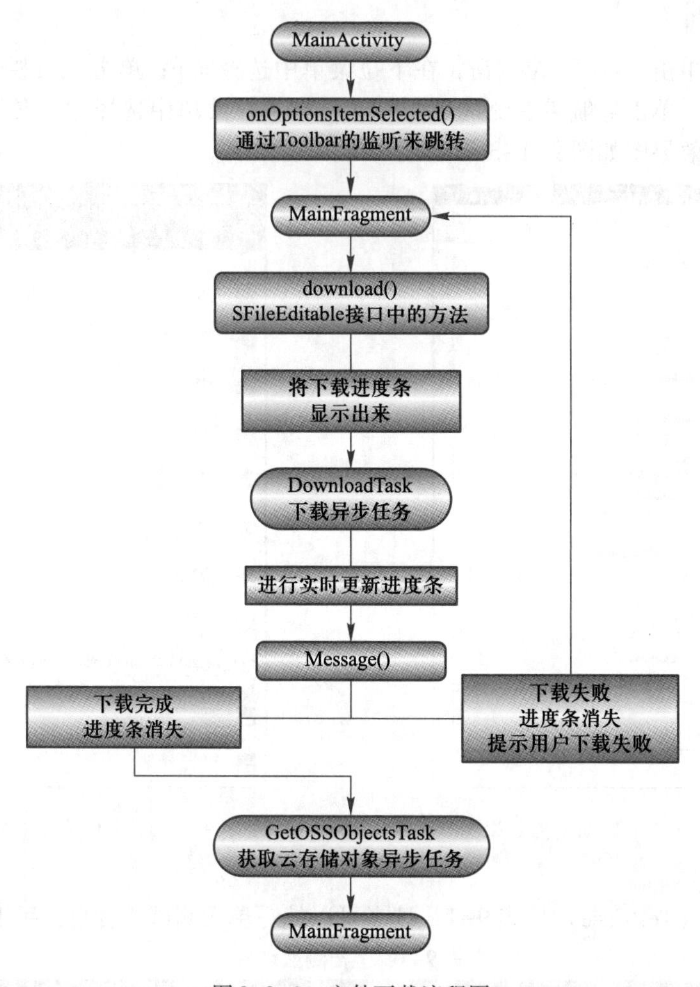

图 9-2-1　文件下载流程图

（1）视图层，界面实现

根据原型图设计并实现下载视图，如图 9-2-2 所示，选择“下载”命令显示进度条。

（2）控制层，用户选择下载文件，单击下载标签

选择所需下载文件的复选框，选择下拉菜单中的“下载”命令，显示文件下载进度条。

（3）服务层，调用 OpenStack 提供的下载接口实现下载

这里调用 OpenStack 中的下载方法，传递的参数为容器名称和所要下载文件的路径。

（4）控制层，返回结果处理

下载可能的情况包含以下几种。

① 下载成功，进度条消失，提示用户成功。

② 下载失败，提示错误。

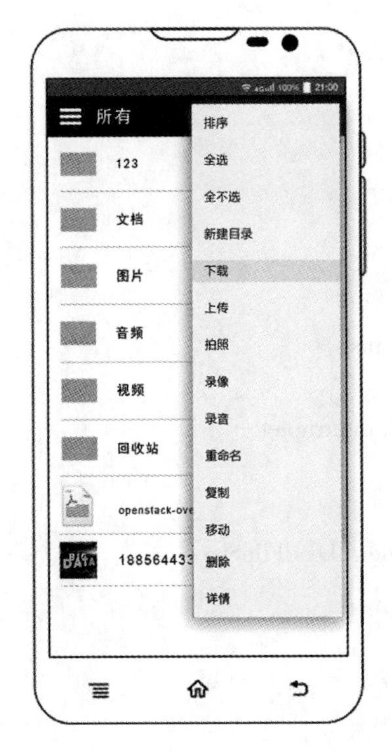

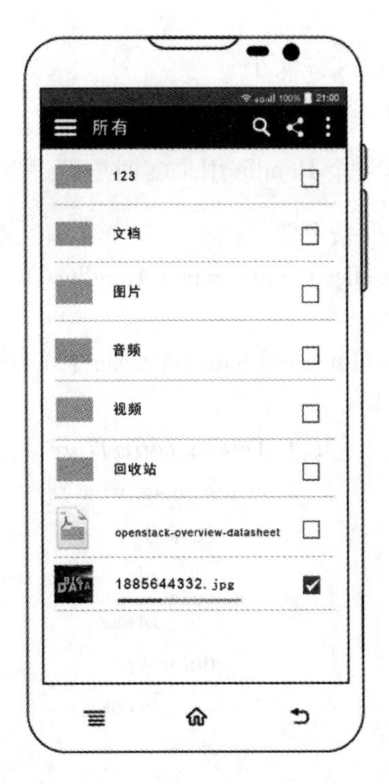

图 9-2-2　下载界面原型图

2. 实现步骤

（1）导入项目

运行 Android Studio，选择 File→Open 菜单命令，打开 Open File or Project 对话框，在路径中选择 project91 目录下面的 swiftstorage 项目。

（2）在 MainActivity 中对下载标签进行处理

使用 MainActivity 的方法中对菜单的新建目录选项进行操作。

```
if(id == R. id. action_download) {
    this. currentFragment. download( );
}
```

调用当前 Fragment 中的 download( )方法。

（3）新建 4 个变量

4 个变量用于进度条的实时更新。

```
//下载的 ID
private int downid = 0;
//进度条
private ProgressBar pb;
//文件大小
private int    fileSize = 0;
```

```
//已下载的文件大小
private int   downLoadFileSize = 0;
```

（4）新建一个 Handle 用来实时更新进度条

```
    //进度条更新
private Handler handler = new Handler()
    {
        public void handleMessage(Message msg)
        {
            if(! Thread.currentThread().isInterrupted()){
                switch(msg.what){
                    case 0:
                        pb.setProgress(downLoadFileSize);
                        break;
                    default:
                        break;
                }
        }
    }

};
```

（5）在 MainFragment 中完成操作

实现 SFileEditable 接口下的 download()的方法。

```
@Override
public void download(){
    SFile file = getFirstSelected();
    if(file != null){
        for(downid = 0;downid < fileListData.size();downid++){
            //判断哪个文件被选中
        if(fileListData.get(downid).isChecked()){
                //设置是否展示进度条,0 表示不展示,1 表示展示
              fileListData.get(downid).setIsDisplayProgressBar(1);
                //刷新视图
            fileListViewAdapter.notifyDataSetChanged();
                //获取所需下载文件的 View
                View
view = fileListView.getChildAt(downid - fileListView.getFirstVisiblePosition());
```

```
            //定位至进度条
        pb = (ProgressBar)view. findViewById(R. id. down_pb);
            break;
        }
    }
    DownloadTask downloadTask = new DownloadTask(file);
  downloadTask. execute();
  }
}
```

执行异步任务，在异步任务中调用 SDK 中的下载的方法，完成后刷新列表。

3. 功能执行及测试

（1）执行效果

在工具栏中单击下拉按钮，在下拉菜单中选择 app；单击工具栏中的按钮，运行程序。登录成功后选中文件，选择下拉菜单中的“下载”命令，执行的效果如图 9-2-3 所示，下载结果如图 9-2-4 所示。

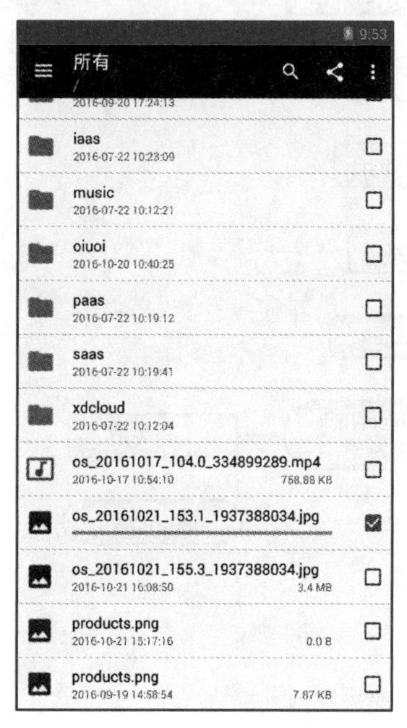

图 9-2-3　启动文件效果

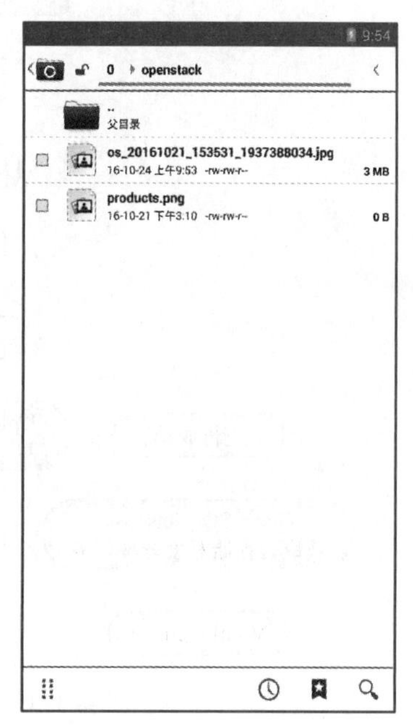

图 9-2-4　下载的文件

（2）手工测试

测试的场景（TestCase）见表 9-2，读者可以编写单元测试或者自己手工测试。

表 9-2　下载测试场景

编　号	测试场景	输入参数	预期结果
1	选择一个文件下载	—	下载成功

至此，完成了下载功能的开发，下一任务将讲述拍照功能的开发。

任务9-3 实现拍照上传

1. 拍照上传功能需求

单击导航栏右侧的菜单按钮，在下拉菜单中选择“拍照”命令，调用用户手机中的相机功能，拍照完成后自动上传至当前目录，具体功能流程图如图9-3-1所示。

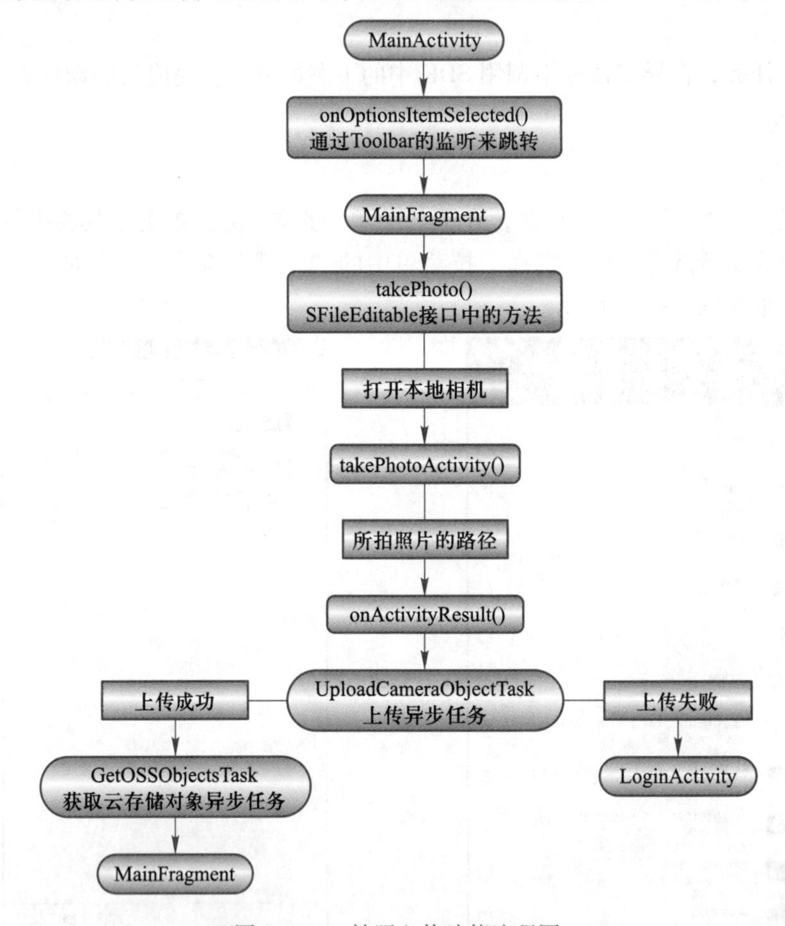

图9-3-1 拍照上传功能流程图

（1）视图层，界面实现

根据原型图设计并实现上传窗口View，原型图如图9-3-2所示。

（2）控制层

选择下拉菜单中的“拍照”命令，弹出相机软件，拍照确认。

（3）服务层

这里调用OpenStack中的上传方法，传递的参数为容器名称、文件流、文件类型、文件所要上传至的位置。

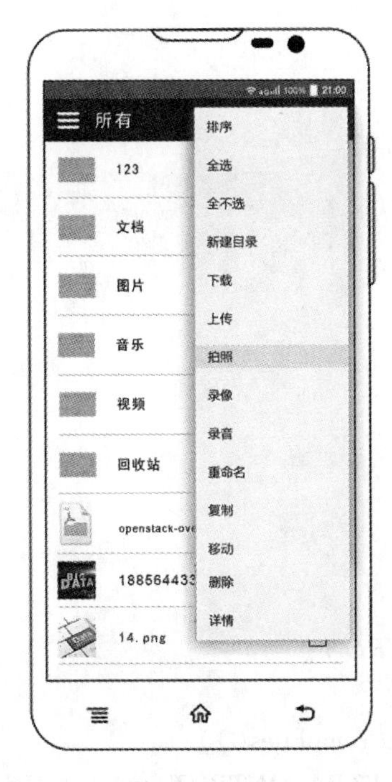

图 9-3-2　拍照上传界面原型图

（4）控制层，返回结果处理

上传可能的情况包含以下几种。

- 文件名已存在，提示用户上传失败。
- 上传成功，提示用户上传完成。

2. 实现步骤

（1）导入项目

运行 Android Studio，选择 File→Open 菜单命令，打开 Open File or Project 对话框，在路径中选择 project92 目录下面的 swiftstorage 项目。

（2）新建一个静态变量与一个 URI 变量

```
private static final int ACTION_SELECT_CONTENT_FROM_CAMERA = 3;
```

此静态变量用来传输所拍的照片。

```
private Uri mImageUri;
```

此变量用于临时存储照片地址。

（3）在 MainActivity 中对上传标签进行处理

使用 MainActivity 的方法中对菜单的新建目录选项进行操作。

```
if(id == R. id. action_take_photo) {
    this. currentFragment. takePhoto( );
}
```

调用当前 Fragment 中的 takePhoto( )方法。

(4) 在 MainFragment 中完成操作

实现 SFileEditable 接口下的 takePhoto( )的方法。

```
@ Override
public void takePhoto( ) {
    takePhotoActivity( ) ;
}
```

通过 Intent 方法调用本地相机软件。

```
private void takePhotoActivity( ) {
    try {
        //创建 Intent
        Intent cameraIntent = new
Intent( MediaStore. ACTION_IMAGE_CAPTURE ) ;
        //临时文件传递参数
        mImageUri  = Uri. fromFile( createPicTempFiles( ) ) ;
        cameraIntent. putExtra( MediaStore. EXTRA_OUTPUT ,mImageUri ) ;
        //启动,系统自己选择
        startActivityForResult( cameraIntent,
ACTION_SELECT_CONTENT_FROM_CAMERA ) ;
    } catch (IOException e) {
        e. printStackTrace( ) ;
    }
}
```

通过 onActivityResult( )方法来回调传输数据。

```
    @ Override
public void onActivityResult( int requestCode,int resultCode,Intent data) {

    super . onActivityResult( requestCode,resultCode,data) ;
    switch (requestCode) {
        case ACTION_SELECT_CONTENT_FROM_CAMERA :
            //成功返回
            if (resultCode == Activity. RESULT_OK ) {
                Uri uri = mImageUri ;
                //上传图片
                UploadCameraObjectTask uploadObjectTask = new
UploadCameraObjectTask( mImageUri ) ;
                uploadObjectTask. execute( ) ;
```

```
                    break ;
                }
        default :
                break ;
    }
}
```

执行异步任务，在异步任务中调用 SDK 中的上传的方法，完成后刷新列表。

3. 功能执行及测试

（1）执行效果

在工具栏中单击 app 下拉按钮，在下拉菜单中选择 app；单击工具栏中的 ▶ 按钮，运行程序。登录成功后选择下拉菜单中的“拍照”命令，下拉菜单如图 9-3-3 所示，拍照界面如图 9-3-4 所示，拍照后自动上传，上传效果如图 9-3-5 所示。

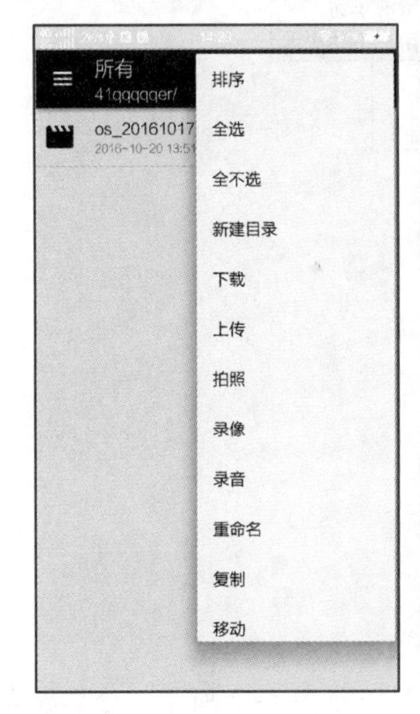

图 9-3-3　下拉菜单

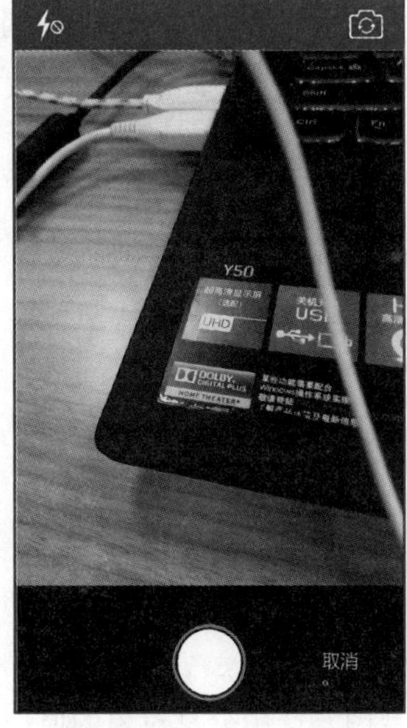

图 9-3-4　拍照界面

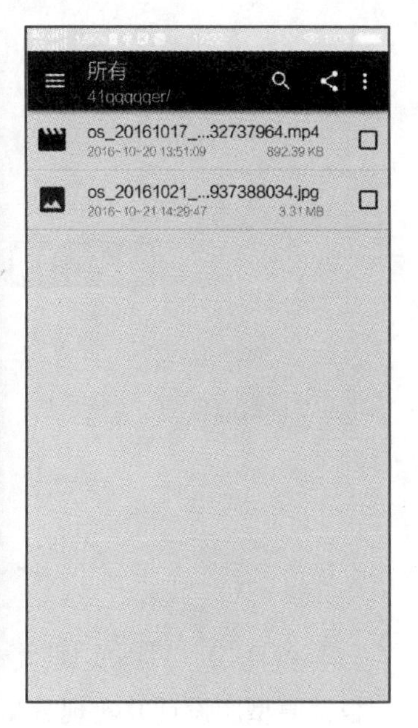

图 9-3-5　拍照后上传效果

（2）手工测试

测试的场景（TestCase）见表 9-3，读者可以编写单元测试或者自己手工测试。

表 9-3　拍照上传测试

编　号	测 试 场 景	输 入 参 数	预 期 结 果
1	拍一张照片	—	上传成功

至此，完成了拍照上传功能的开发，下一任务将讲述分享功能的开发。

任务 9-4 实现存储内容分享

1. 分享功能需求

要进行分享操作，首先选中需要分享的文件对象，单击导航栏右侧的“分享”按钮，弹出分享菜单，在菜单中选择想要分享的模式，单击“确定”按钮开始分享。上传结束后弹出提示框提示下载成功，分享功能的具体实现流程图如图 9-4-1 所示。

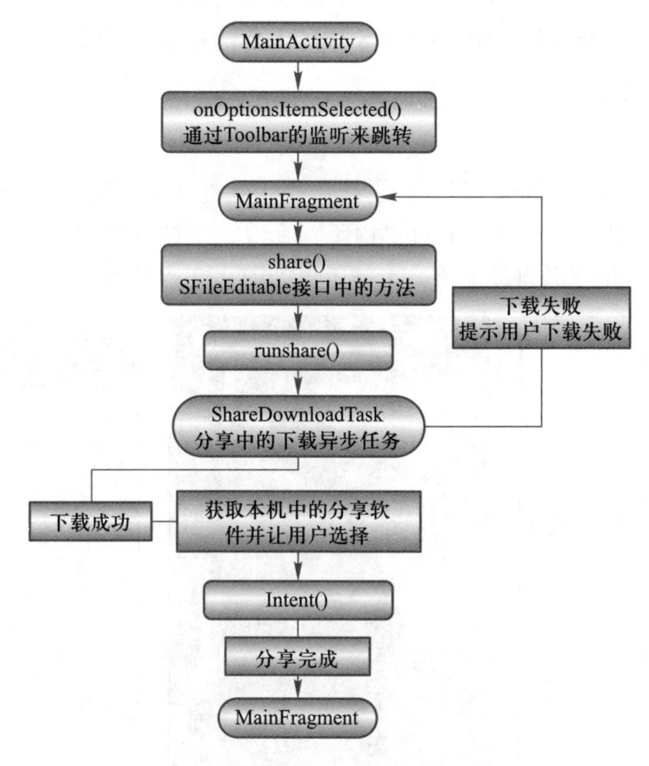

图 9-4-1 分享功能流程图

（1）视图层，界面实现

根据原型图设计并实现分享视图。选中分享对象的原型图如图 9-4-2 所示，分享界面的原型图如图 9-4-3 所示。

（2）控制层，用户选择要分享的文件

选择需要上传的文件，单击右上角的“分享”按钮。

（3）服务层，调用 OpenStack 提供的下载接口实现下载

这里调用 OpenStack 中的下载方法，传递的参数为容器名称和所要下载文件的名称。

（4）控制层，返回结果处理

下载完成后弹出选择分享软件窗口，选择一个分享软件后进行分享。

分享可能的情况包含以下几种。

图 9-4-2　选中文件的原型图

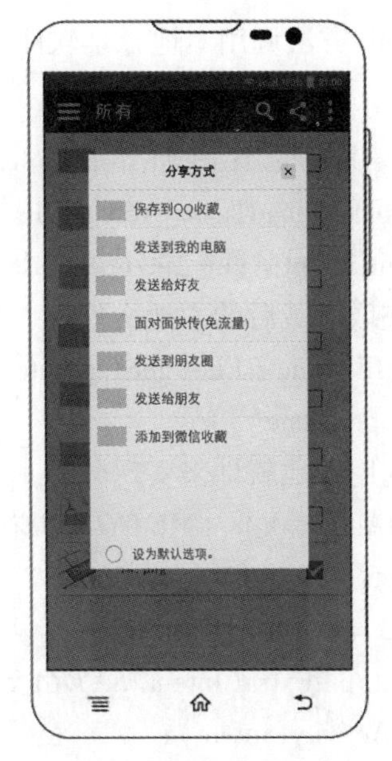

图 9-4-3　分享文件界面的原型图

- 手机上没有分享软件，提示用户未发现分享软件，请下载软件。
- 分享成功。

2. 实现步骤

（1）导入项目

运行 Android Studio，选择 File→Open 菜单命令，打开 Open File or Project 对话框，在路径中选择 project93 目录下面的 swiftstorage 项目。

（2）在 MainActivity 中对上传标签进行处理

使用 MainActivity 的方法中对菜单的新建目录选项进行操作。

```
if(id == R. id. action_share) {
    this. currentFragment. share( ) ;
}
```

调用当前 Fragment 中的 share( )方法。

（3）在 MainFragment 中完成操作

实现 SFileEditable 接口下的 upload( )方法。

```
/ **
 * 分享
 */
@ Override
public void share( ) {
    runshare( ) ;
}
```

通过 Intent 方法调用本地分享软件。

```
public void runshare() {
        ShareDownloadTask shareDownloadTask = new ShareDownloadTask(getFirstSelected());
        shareDownloadTask.execute();
        Intent intent = new Intent();
        //获取下载后的本地文件
        File file = new File(getAppState().getOpenStackLocalPath() + cleanName.(getFirstSe-
lected().getName()));
        //调用本地软件来实现分享
intent.setAction(Intent.ACTION_SEND);
        intent.setType("*/*");
        Uri u = Uri.fromFile(file);
        intent.putExtra(Intent.EXTRA_STREAM,u);
        startActivity(intent);
}
```

执行异步任务，在异步任务中调用 SDK 中的上传方法，完成后刷新列表。

3. 功能执行及测试

（1）执行效果

在工具栏中单击 app 下拉按钮，在下拉菜单中选择 app；单击工具栏中的▶按钮，运行程序。登录成功后，选中将要分享的文件，单击导航栏右侧的“分享”按钮，分享方式界面如图 9-4-4 所示，分享的结果如图 9-4-5 所示。

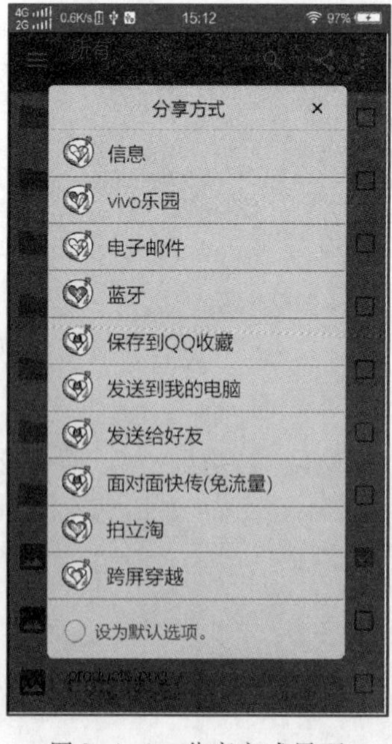

图 9-4-4　分享方式界面

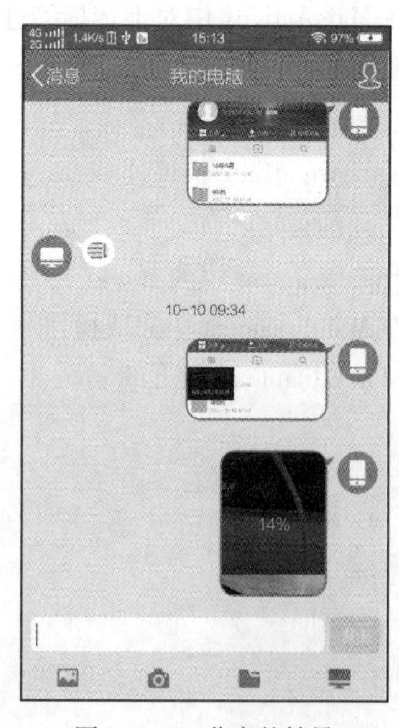

图 9-4-5　分享的结果

(2) 手工测试

测试的场景(TestCase)见表9-4，读者可以编写单元测试或者自己手工测试。

表9-4 分享测试场景

编号	测试场景	输入参数	预期结果
1	手机中不存在分享软件	—	分享失败，提示安装分享软件
2	手机中存在分享软件	—	分享成功

到此为止，本项目完成了分享功能的开发，基本功能已经全部实现。

项目总结

本项目完成之后，读者就能够利用 Swift 云存储 SDK 完成文件的上传、下载、拍照和分享的操作。通过本项目，读者不但会掌握 Swift 相关文件，也会了解到模拟器与计算机本地文件的互传操作和摄像头操作，这有助于读者进一步深入学习 Android 应用开发。

拓展实训

(1) 实现摄像头录像操作并把文件上传到 Swift 服务器。
(2) 实现录音功能并把录音文件上传到 Swift 服务器。
(3) 思考如何实现文件批量下载与批量上传。

附录 1　实现 APK 文件的生成

有关 APP 的发布基本配置，在前面的章节中已经有所介绍，这里不再赘述。下面直接阐述 APK 文件的生成。

① 选择 Build→Generate Signed APK 菜单命令，如附图 1-1 所示。

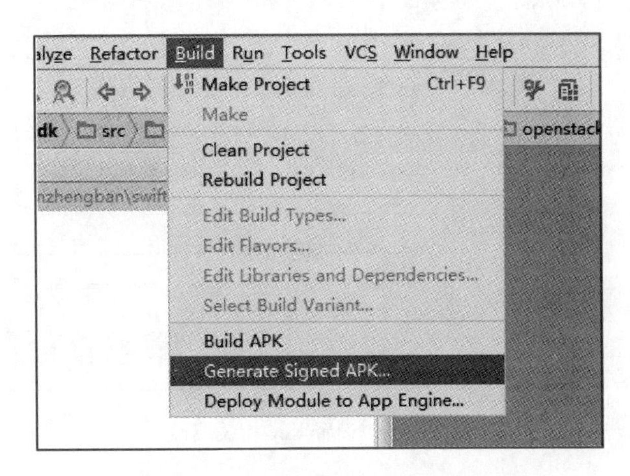

附图 1-1　选择生成签名 APK 的菜单命令

② 在弹出的对话框中单击 Create new 按钮来创建 Key，如附图 1-2 所示。

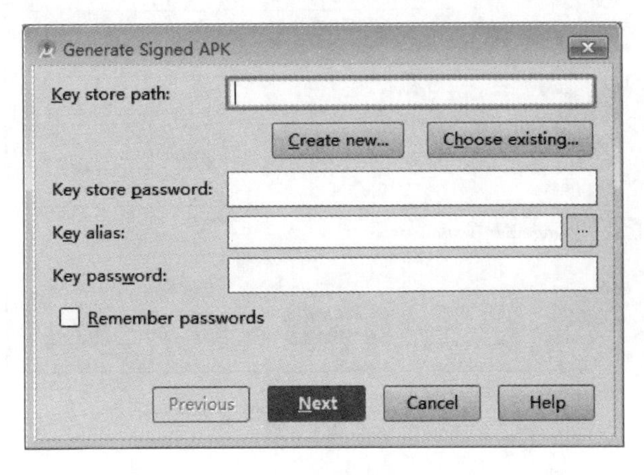

附图 1-2　创建新 Key

③ 在弹出的对话框中设置对应的属性，如附图 1-3 所示。其中，Key store path 文本框用来输入产生 Key 文件的保存路径，Password 文本框用来输入 Key 的存储密码，Key 选项组中的 Alias 文本框用来输入 Key 的别名，Key 选项组中的 Password 文本框用来输入 Key 的密码。

④ 设置完成后单击 OK 按钮，出现如附图 1-4 所示的界面。

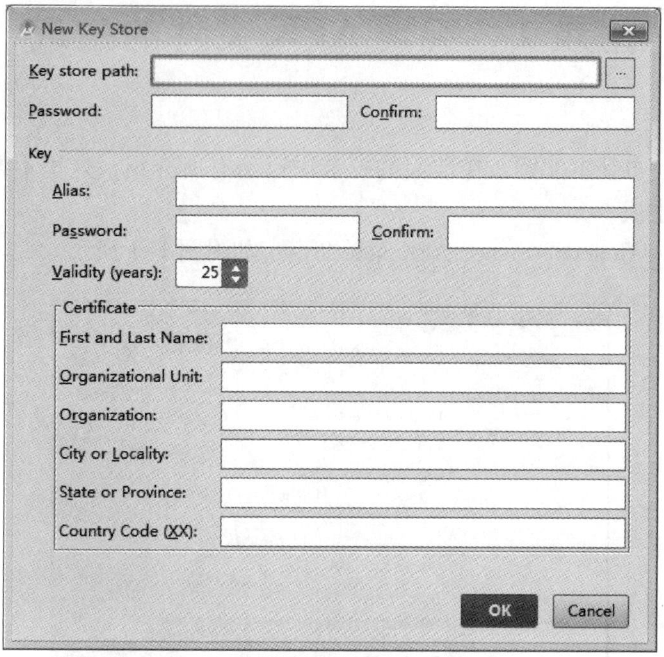

附图 1-3　设置 Key 相关属性

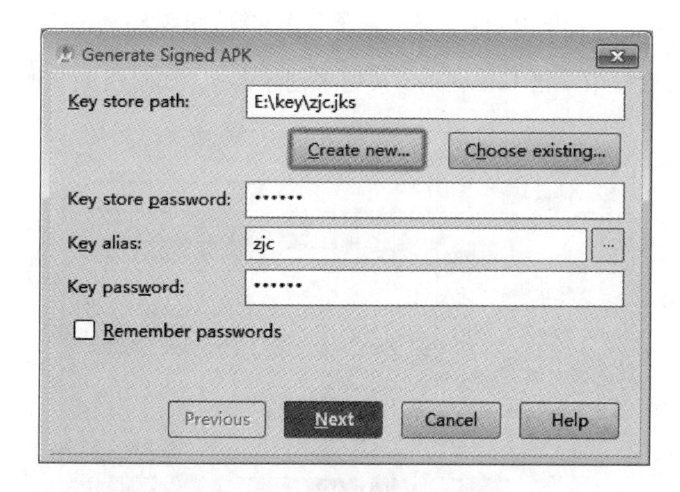

附图 1-4　属性设置完成界面

⑤ 单击 Next 按钮，出现如附图 1-5 所示的界面。其中，APK Destination Folder 表示 APK 的保存路径，设置 Build Type 选项为 release。

⑥ 单击 Finish 按钮，在 Event Log 窗口中出现如附图 1-6 所示的内容，表示打包成功。

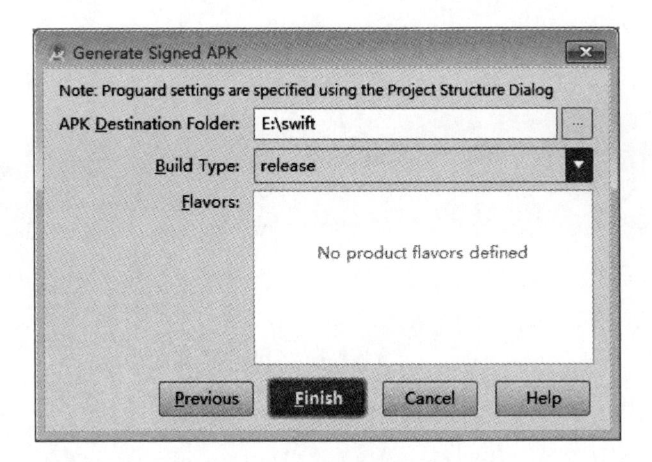

附图 1-5　设置发布结果选项

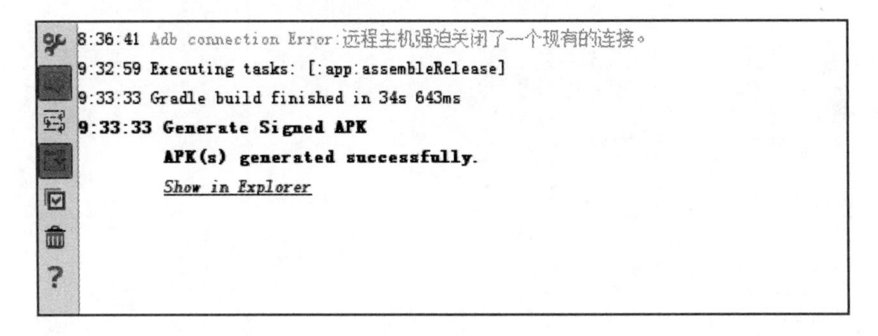

附图 1-6　APK 生成成功

附录 2　应用市场发布应用

YunOS 是由阿里巴巴集团研发的基于云计算的以数据和服务为导向的万物互联网操作系统。它具备高兼容性和可扩展性，广泛适用于各种 IoT 设备，包括智能手机、互联网汽车、互联网电视、智能家居、智能穿戴等多种智能终端，以及芯片及传感器。这里以 YunOS 市场为例来说明应用的发布。

① 登录网址 http://appdev. yunos. com，完成注册后需要进行实名认证。实名认证可以通过已经实名认证的支付宝账户快速进行，如附图 2-1 所示。如果没有支付宝账户则需要一步步从头做起。

附图 2-1　使用支付宝进行快捷实名认证

② 使用支付宝登录后，需要补充完整开发者信息，如附图 2-2 所示。

③ 认证通过后，会切换到如附图 2-3 所示的页面。

④ 在认证通过界面单击“上传新应用”按钮，弹出新界面，如附图 2-4 所示，选择自己要发布的 APK 文件进行上传，并输入应用名称、作者名称等信息，同时上传图标和应用截图。

在这个页面中还要选择应用的分类、填写简介等。最后选择“审核通过后立即发布”单选按钮，如附图 2-5 所示，单击“提交”按钮即可。

开发者实名认证 补充联系人信息 认证成功

名称 *魁

这不是您的名称？使用您企业（或个人）的支付宝账号重新认证

联系人姓名 *

手机号码 *

座机电话 *

旺旺/QQ *

Email *

验证码 * 5nvc

我同意阿里云开发者平台协议 查看协议详情

提交 重置

附图 2-2 补充开发者联系信息

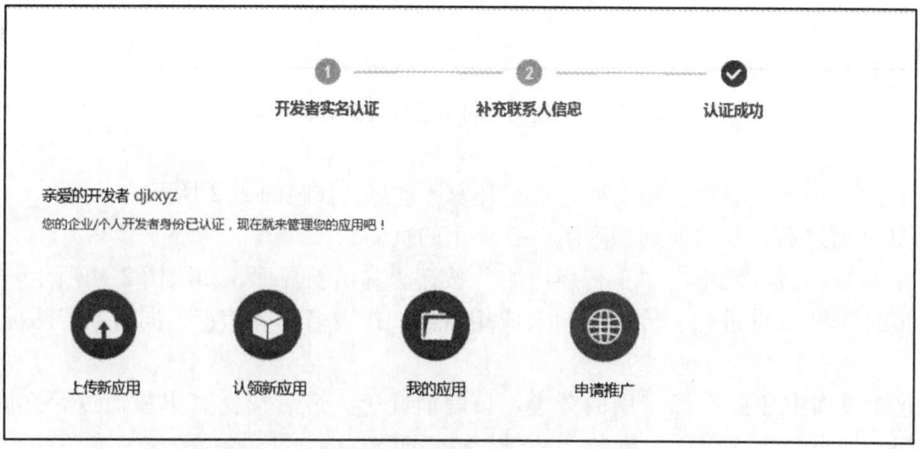

开发者实名认证 补充联系人信息 认证成功

亲爱的开发者 djkxyz

您的企业/个人开发者身份已认证，现在就来管理您的应用吧！

上传新应用 认领新应用 我的应用 申请推广

附图 2-3 认证通过界面

填写应用信息　提交成功

选择文件 *　（上传.apk格式安装包≤512MB，大于512MB的应用请联系运营同学）

点击上传

版本名称

版本号

文件大小

应用名称 *　不超过200字

作者名称 *

上传图标 *　（请上传分辨率为256*256的png图片 查看示例图 ）

大卡片图标　（请上传分辨率为228*288或304*384的png图片 查看示例图 ）

应用截图 *　（请上传4-8张分辨率为800*1280或1280*800的图片 支持jpg、jpeg、bmp和png格式的图片 查看示例图（点击打开））

应用分类 *　请选择

附图 2-4　选择上传自己的作品并填写信息

简介 *　简单介绍您的应用，不超过200字

详述 *　详述您的应用功能，不超过1000字

介绍视频　（请上传不大于50MB的.mov、.avi或.mp4的视频文件生动介绍您的应用）

资质证明　查看示例图（点击打开）

新版本特性　简单介绍您的新版本特性，不超过300字

发布时间 *　审核通过后立即发布　指定时间发布

提交

附图 2-5　选择发布时间

⑤ 发布成功后可以在开发者首页管理自己发布的应用，并进行推广等操作，如附图 2–6 所示。

附图 2–6　开发者首页

反盗版举报电话　(010)58581999　58582371　58582488

反盗版举报传真　(010)82086060

反盗版举报邮箱　dd@hep.com.cn

通信地址　北京市西城区德外大街4号　高等教育出版社法律事务与版权管理部

邮政编码　100120